作者简介

刘瑞璞，1958年1月生，天津人，北京服装学院教授，博士研究生导师，艺术学学术带头人。研究方向为服饰符号学，创立中华民族服饰文化的结构考据学派和理论体系。代表作：《中华民族服饰结构图考（汉族编、少数民族编）》《清古典袍服结构与文章规制研究》《中国藏族服饰结构谱系》《旗袍史稿》《苗族服饰结构研究》《优雅绅士 1-6卷》等。

唐仁惠，1991年1月生，河南浚县人，北京服装学院博士研究生。代表作：《清代宫廷坎肩形制特征分析》《晚清满族服饰"错襟"意涵与匠作》等。

国家出版基金项目
NATIONAL PUBLICATION FOUNDATION

叁

满族服饰错襟与礼制

满族服饰研究

刘瑞璞
唐仁惠 著

东华大学
出版社·上海

内容提要

　　《满族服饰错襟与礼制》系五卷本《满族服饰研究》的第三卷。本书以清中晚期具有标志性的满族妇女氅衣、衬衣等常服标本的整理为线索，结合文献、图像史料考证，基于常服标本的形制和纹样研究的基础，深入到它们独特的右衽大襟结构和繁复镶绣缘边的工艺技术复原进行研究，发现错襟现象并非单纯的时代风尚，而与这种结构形制的"缺陷"有关，而成为满人"将错就错"的绣作技艺符号。错襟现象独树一帜的惊艳表现，赋予了常服奢华燕居的满人美学，创制了满奢汉寡、便用礼不用、女用男不用的满人妇道文化。它还回答了历史上汉右衽夷左衽"绝非通例"的谜题：错襟必尊右衽才能施展技艺，更为"以志吾过，且旌善人"强化右衽的儒家正统。读者通过本丛书总序《满族，满洲创造的不仅仅是中华服饰的辉煌》的阅读，会顿悟清代的服饰与其说是满服被汉化，不如说是汉服被满化，这确是中华一体多元文化特质的魅力所在。

图书在版编目(CIP)数据

　　满族服饰研究. 满族服饰错襟与礼制 / 刘瑞璞，唐仁惠著. —上海：

东华大学出版社，2024.12
ISBN 978-7-5669-2441-4

　　Ⅰ. TS941.742.821

　　中国国家版本馆CIP数据核字第2024HF8703号

责任编辑　吴川灵　徐建红　李伟伟
装帧设计　刘瑞璞　吴川灵　璀采联合
封面题字　卜　石

满族服饰研究： 满族服饰错襟与礼制
MANZU FUSHI YANJIU： MANZU FUSHI CUOJIN YU LIZHI

刘瑞璞　　著
唐仁惠

出　　　版：东华大学出版社（上海市延安西路1882号，200051）
本 社 网 址：http://dhupress.dhu.edu.cn
天猫旗舰店：http://dhdx.tmall.com
营 销 中 心：021-62193056　62373056　62379558
电 子 邮 箱：805744969@qq.com
印　　　刷：上海颛辉印刷厂有限公司
开　　　本：889 mm×1194 mm　1/16
印　　　张：16
字　　　数：560千字
版　　　次：2024年12月第1版
印　　　次：2024年12月第1次
书　　　号：ISBN 978-7-5669-2441-4
定　　　价：228.00元

总　序

满族，满洲创造的不仅仅是中华服饰的辉煌

一

满族服饰研究或许与其他少数民族服饰研究有所不同。

中国古代服饰，没有哪一种服饰像满族服饰那样，可以管中窥豹，中华民族融合所表现的多元一体文化特质是如此生动而深刻。因为，"满族"是在后金天聪九年（1635年），还没有建立大清帝国的清太宗皇太极就给本族定名为"满洲"，第二年（1636年）于盛京（今辽宁省沈阳市）正式称帝，改国号为清算起，到1911年清王朝覆灭，具有近300年的辉煌历史的一个少数民族。"满洲开创的康雍乾盛世是中国封建社会发展的最后一座丰碑；满洲把中国传统文化推上中国封建社会最后一个高峰，……是继汉唐之后一代最重要的封建王朝"（《新编满族大辞典》前言）。这意味着满族历史或是整个大清王朝的历史，满族服饰或是整个清朝的服饰，是创造中华古代服饰最后一个辉煌时代的缩影。旗袍成为中华民族近现代命运多舛且凤凰涅槃的文化符号。无论学界有何种争议，满族所创造的中华辉煌却是不争的事实。至少在中国古代服饰历史中，还没有以一个少数民族命名的服饰而彪炳青史，而且旗袍在中国服制最后一次变革具有里程碑的意义就是成为结束帝制的文化符号，真可谓成也满族败也满族。不仅如此，研究表明，还有许多满族所创造的深刻而生动的历史细节，比如挽袖的满奢汉寡、错襟的满繁汉简、戎服的满俗汉制、大拉翅的衣冠制度、满纹必有意肇于中华等。这让我们重新认识满族和清朝的关系，满族在治理多民族统一国家中的特殊作用。这在满学和清史研究中是不能绕开的，特别是进入21世纪，伴随我国改革开放学术春天的到来，满学和清史捆绑式的研究模式凸显出来，且取得前所未有的成就。正是这样的学术探索，发现满族不是一个简单的族属范畴，它与清朝的关系甚至是一个硬币的两面不可分割，这就需要弄清楚满族和满洲的关系。

二

满族作为族名的历史并不长，是在中华人民共和国成立之后确定的，之前称满洲。自皇太极于1635年改"女真"定族名为"满洲"，成就了一个大清王朝。满洲作为族名一直沿用到民国。值得注意的是，在改称满洲之前所发生的事件对中华民族政权的走势产生了深刻影响。建州女真首领努尔哈赤，对女真三部的建州女真、东海女真和海西女真实现了统一，这种统一以创制"老满文"为标志。作为准国家体制建设，努尔哈赤于1615年完成了八旗制的创建，使原松散的四旗制变为八旗制的族属共同体，1616年在赫图阿拉（辽宁境内）称汗登基，建国号金，史称后金。这两个事件打下了大清建国的文化（建文字）和制度（八旗制政体）的基础。1626年，努尔哈赤死，其子皇太极继位后也做了两件大事。首先是进一步扩大和强化"族属共同体"，为提升其文化认同，对老满文进行改进提升为"新满文"；其次为强化民族认同的共同体意识，在1635年宣布在"女真"族名前途未定的情况下，最终确定本族族名为"满洲"。"满"或为凡属女真族的圆满一统；"洲"为一个更大而统一的大陆，也为"中华民族共同体"清朝的呼之欲出埋下了伏笔。历史也正是这样书写的，皇太极于宣布"满洲"族名的转年（1636年）称帝，国号"大清"。然而，满洲历史可以追溯到先秦，或与中原文明相伴相生，从不缺少与中原文化的交往、交流、交融。有关满洲先祖史料的最早记载，《晋书·四夷传》说"肃慎氏在咸山北"，即长白山北，是以向周武王进贡"楛矢石砮"[1]而闻名。还有史书说，肃慎存在的年代大约在五帝至南北朝之间，比其后形成的部落氏族存续的时间长。红山文化考古的系统性发现，或对肃慎氏族与中原文明同步的"群星灿烂"观点给予了有力的实物证据，也就是发达的史前文明，肃慎活跃的远古东北并不亚于中原。满洲先祖肃慎之后又经历了挹娄、勿吉和靺鞨。史书记载，挹娄出现在

---

[1] 楛（hù）是指荆一类的植物，其茎可制箭杆，楛矢石砮就是以石为弹的弓弩，这在西周早期的周武王时代算是先进武器。在国之大事在祀与戎时代，肃慎氏族进贡楛矢石砮很有深意。

东汉，勿吉出现在南北朝，南北朝至唐是靺鞨活跃的时期。然而据《北齐书》记载，整个南北朝是肃慎、勿吉、靺鞨来中原朝贡比较集中的时期，南北朝后期达到高峰。这说明两个问题，一是远古东北地区多个民族部落联盟长期共存，故肃慎、挹娄、勿吉、靺鞨等并非继承关系，而是各部族之间分裂、吞并形成的长期割据称雄的局面。《北齐书·文宣帝纪》："天保五年（554年）秋七月戊子，肃慎遣使朝贡。" 而挹娄早在东汉就出现了。同在北齐的天统五年（569年）、武平三年（572年）分别有靺鞨、勿吉遣使朝贡的记载，而且前后关系是打破时间逻辑的，说明它们是各自的部落联盟向中央朝贡。虽然有简单的先后顺序出现，也在特定的历史时期共治共存。这种局面又经历了渤海国，到了女真政权下的金国被打破了。1115年，北宋与辽对峙已经换成了金，标志性的事件就是，由七个氏族部落组成的女真部落联盟首领完颜阿骨打建国称帝，国号大金，定都会宁府。这意味着，肃慎、挹娄、勿吉、靺鞨等氏族部落相对独立而漫长的分散格局，到了金形成了以女真部落联盟为标志的统一政权。蒙元《元史·世祖十》："定拟军官格例"……"若女直、契丹生西北不通汉语者，同蒙古人；女直生长汉地，同汉人。"唯继续留在东北故地的女真族仍保持本族的语言和风俗，也为明朝的女真到满洲的华丽变身保留了根基和文脉。这就是满洲形成前的建州女真、海西女真和东海女真的格局。1635年，皇太极诏改"诸申"（女真）为"满洲"，真正实现了女真大同。

这段满洲历史可视为，上古东北地区多个氏族部落联盟的共存时代和中古东北地区女真部落联盟时代。它们的共同特点是，即便发展到女真部落联盟，也没有摆脱建州女真、海西女真和东海女真的政权割据。因此，"满洲"从命名到伴随整个清朝历史的伟大意义，很像秦始皇统一六国，开创大一统帝制纪元一样，成为创造中华最后一个辉煌帝制的见证。

三

"满洲"作为统治多民族统一的最后一个帝制王朝的少数民族，它所创造的辉煌、疆域和史乘，或在中国历史上绝无仅有。这里先从中国历代帝制年代的坐标中去看清王朝的历史，发现"满洲"（满族）的历史正是整个清朝的历史。这种算法是从1635年皇太极诏改"女真"为"满洲"，转年1636年称帝立国号"大清"算起，到1911年清灭亡共276年，而官方对清朝纪年是从1644年入关顺治元年算起是268年。值得注意的是，正是在入关前的这不足十年里孕育了一个崭新的"民族共同体"满洲，它为创建清朝的"中华民族共同体"功不可没。不仅如此，清朝历史也在中国历代帝制的统治年代中名列前茅，若以少数民族统治的帝制朝代统计，清朝首屈一指。

根据官方的中国帝制历史年代的统计：秦朝为公元前221至前206年，历时16年；西汉为公元前206至公元25年，历时231年；东汉为公元25至公元220年，历时196年；三国为公元220至280年，历时61年；西晋为公元265至317年，历时53年；东晋为公元317至420年，历时104年；南北朝为公元420至589年，历时170年；隋朝为公元581至618年，历时38年；唐朝为公元618至907年，历时290年；五代十国为公元907至960年，历时54年；北宋为公元960至1127年，历时168年；南宋为公元1127至1279年，历时153年；元朝为公元1271至1368年，历时98年；明朝为公元1368至1644年，历时277年。统治时间在200年以上的朝代是西汉、唐、明和清，如果根据统治时间长短计算依次为唐、明、清和西汉；以少数民族统治帝制王朝的时间长短计算，依次为清268年、南北朝170年和元98年。

从满洲统治的清朝历史、民族大义和民族关系所呈现的史乘数据，只说明一个问题，满族——满洲创造的不仅仅是一个独特历史时期的中华服饰文化，更是一个完整的多民族统一的帝制辉煌。满洲在中国近古历史所发挥的作用，从清朝的治理成就到疆域赋予的"中华民族共同体"都值得深入研究。《新编满族大辞典》前言给出的成果指引值得思考与探索：

满洲作为有清一代的统治民族，主导着中国社会近300年历史的发展。它打破千百年来沿袭的"华夷之辨"的传统观念，确立并实践了"中外一体"的新"大一统"的民族观；它突破传统的"中国"局限，重新给"中国"加以定位。……把"中国"扩展到"三北"地区，将秦始皇创设的郡县制推行到各边疆地区：东北分设三将军、内外蒙古行盟旗制；在西北施行将军制、盟旗、伯克及州县等制；在西藏设驻藏大臣；在西南变革土司制，改土归流。一国多制，一地多制，真正建立起空前"大一统"的多民族的国家，实现了至近代千百年来制度与管理体制的第一次大突破，以乾隆二十五年（1760）之极盛为标志，疆域达1300万平方公里。

满洲创建的"大清王朝"享国268年，其历时之久、建树之多、政权规模之宏大，以及疆域之广、人口之巨，实集历代之大成，是继汉唐之后一代最重要的封建王朝。

满洲改变和发展近代中国，文"化"中国，为近代中国定型，又是清以前任何一代王朝所不可比拟的。……如果没有满洲主导近代中国历史的发展，就没有当今中国的历史定位，就没有今日中国辽阔的疆域，亦不可能定型中华民族大家庭的新格局。

四

学界就清史和满学而言，惯常都会以清史为着力点，或以此作为满学研究的纵深，而忽视了满学可以开拓以物证史更广泛的实证系统和方法。这种以满学为着力点的清史研究的逆向思维方法，通常会有学术发现，甚至是重要的学术发现。满族服饰研究确是小试牛刀而解决长久以来困扰学界的有史无据问题。通过实物的系统研究，真正认识了满族服饰研究，不是单纯的民族服饰研究课题，并得到确凿的实证。其中的关键是要深入到实物的结构内部，因此获取实物就成为研究文献和图像史料的重要线索，这就决定了满族服饰研究不是史学研究、类型学研究、文献整理，而是以实物研究引发的学术发现和实物考证。《满族服饰研究》的五卷成果，卷一满族服饰结构与形制、卷二满族服饰结构与纹样、卷三满族服饰错襟与礼制、卷四大拉翅与衣冠制度、卷五清代戎服结构与满俗汉制，都是以实物线索考证文献和图像史料取得的成果。当然，官方博物馆有关满族服饰的收藏，特别是故宫博物院的收藏更具权威性，同时带来的问题是，它们偏重于清宫旧藏，难以下沉到满族民间。在实物类型上，由于历史较近，实物丰富，并易获得，更倾向于华丽有经济价值的收藏，因此像朴素的便服、便冠大拉翅等表达市井的世俗藏品，即便是官定的戎服，如果是兵丁棉甲等低品实物都很少有系统的收藏，"博物馆研究"自然不会把重点和精力投注上去。最大的问题还是，"国家文物"面向社会的开放性政策和学术生态还不健全。而正是这些世俗藏品承载了广泛而深厚的满俗文化和族属传统。这就是为什么民间收藏家的藏品成为本课题研究的关键。清代蒙满汉服饰收藏大家王金华先生，不能说"藏可敌国"，也可谓盛世藏宝在民间的标志性人物。他的"蒙满汉至藏"专题收藏和学术开放精神令人折服。重要的是，需要深耕和系统研究才会发现它们的价值。经验和研究成果告诉我们，"结构"挖掘成为"以物证史"的少数关键。

五

关于"满族服饰结构与形制"。王金华先生的"蒙满汉至藏"，这个专题性收藏不是偶然的，因是不能摆脱蒙满汉服饰"涵化"所呈现它们之间的模糊界限。如果没有纹饰辨识知识的话，单从形制很难区分，正是结构研究又使它们清晰起来。

学界对中华服饰的衍进发展，认为是通过变革推进的，主流有两种观点。第一种观点是"三次变革"说。第一次变革是以夏商周上衣下裳制到战国赵武灵王"胡服骑射"为标志、深衣流行为结果，确立为先秦深衣制；第二次变革是从南北朝到唐代，由汉魏单一系统变为华夏与鲜卑两个来源的复合系统；第三次变革是指清代，以男子改着满服为标志，呈现华夏传统服制中断为表征。第二种观点是"四次变革"说，是在以上三次变革说的基础上，增加了一次清末民初的"西学中用说"，强调女装以旗袍为标志的立足传统加以"改良"，男装以中山装成功中国化为代表的"博采西制，加以改良"（孙中山1912年2月4日《大总统复中华国货维持会函》），成为去帝制立共和的标志性时代符号。然而，上述无论哪种说法都有史无据，忽视了对大量考古发现实物的考证，即便有实物考证也表现出重形制、轻结构的研究，更疏于对形制与结构关系的探索。就"三次变革"和"四次变革"的观点来看，有一点是共通的，就是无论第三次还是第四次变革都与满族有关；还有一个共同的地方，就是两种观点都没有指出三次或四次形制变革的结构证据。而结构的解读，对这种三次或四次变革说或是颠覆性的。满族服饰结构与形制的研究，如果以大清多民族统一王朝的缩影去审视，它不仅没有中断华夏传统服制，更是为去帝制立共和的到来创造了条件，打下了基础。我们知道，清末民初不论是女装的旗袍还是男装的中山装，都不能摆脱"改良"的社会意志，而这些早在晚清就记录在满族服饰从结构到形制的细节中。

从满族服饰的形制研究来看，无论是男装还是女装都锁定在袍服上，而袍服在中国古代服饰历史上并不是满族所特有。台湾著名史学家王宇清先生在《历代妇女袍服考实》中说，袍为"自肩至跗（足背）上下通直不断的长衣……曰'通裁'；乃'深衣'改为长袍的过渡形制"。可见，满族无论是女人的旗袍，还是男人的长袍，都可以追溯到上古的深衣制。这又回到先秦的"上衣下裳制"和"深衣制"的关系上。事实上，自古以来从宋到明末清初考据家们就没有破解过这个谜题，最大的问题就是重道轻器，重形制轻格物（结构），当然也是因为没有实时的文物可考。今天不同了，从先秦、汉唐、宋元到明清完全可以串成一个古代服饰的实物链条，重要的是要找出它们承袭的结构谱系。"上衣下裳"和"深衣制"衍进的结构机制是相对稳定的，且关系紧密。"上衣下裳"表现出深衣的两种结构形制：一是上衣和下裳形成组配，如上衣和下裙组合、上衣和下裤组合；二是上衣和下裙拼接成上下连属的袍式。班固在汉书中解释为《礼记·深衣》的"续衽钩边"。还有一种被忽视的形制就是"通袍"结构，由于古制"袍"通常作为"内私"亵衣（私居之服），难以进入衣冠的主流。东汉刘熙《释名·释衣服》曰："袍，丈夫著下至跗者也。袍，苞也；苞，内衣也。"明朝时称亵衣为中单，且成为礼服的标配。袍的亵衣出身就决定了，它衍变成外衣，或作为外衣时，就不可以登大雅之堂。这就是为什么在汉统服制中没有通袍结构的礼服，而深衣的"续衽钩边"是存在的，只是去掉了"上衣下裳"的拼接。这就是王宇清先生考证袍为"通裁"，是"深衣"（上下拼接）改为长袍的过渡形制。这种对深衣结构的深刻认知，在大陆学者中是很少见的。

由此可见，自古以来，"上衣下裳制"、"深衣制"和"通袍制"所构成的结构形制贯穿整个古代服饰形态。值得注意的是，三种结构形制有一个不变的基因，即"十字型平面结构"中华系统。这就意味着，中华古代服饰的"三次变革"的观点是存疑的，至少在结构上没有发生革命性的益损，这很像我国的象形文字，虽经历了甲骨、篆、隶、草、楷，但它象形结构的基因没有发生根本性的改变。如果说变革的话，那就是民族融合涵化的程度。汉族政权中，"上衣下裳制"和"深衣制"始终成为主导，"通袍制"为从属地位。即便是少数民族政权，为了宣示正宗和儒统，也会以服饰三制为法统，如北魏。这种情形的集大成者，既不是周汉，也不是唐宋，而是大明，这正是历代袍服实物结构的考证给予支持的。

明朝服制"上承周汉，下取唐宋"，这几乎成为明服研究的定式，而实物结构的研究表明，其主导的结构形制却呈现"蒙俗汉制"的特征，或是上衣下裳、深衣和通袍制多元一体民族融合的智慧表达。朝祭礼服必尊汉统，上衣下裳（裙），内服中单，交领右衽大襟广袖缘边；赐服曳撒式深衣，交领右衽大襟阔袖云肩襕制；公常服通裁袍衣，盘领右衽大襟阔袖胸背制。所有不变的仍是"十字型平面结构"。所谓上承周汉，就是朝祭礼服坚守的上衣下裳制，而赐服和公常服系统从唐到宋就定型为胡汉融合的风尚了，到明朝与其说是恢复汉统不如说是"蒙俗汉制"。这种格局，从服饰结构的呈现和研究的结果来看，清朝以前的历朝历代都未打破，只有在清朝时被打破了，袍服被推升到至高无上的地位。朝服为曳撒式深衣，圆领右衽大襟马蹄袖；吉服为通裁袍服，圆领右衽大襟马蹄袖；常服为通裁袍服，圆领右衽大襟平袖。这种格局，深衣制为上，袍制为尊，上衣下裳用于戎甲或亵衣；形制从盘领右衽大襟变为圆领右衽大襟，废右衽交领大襟；袖制以窄式马蹄袖为尊，阔袖为卑。这或许是第三次变革，华夏传统服制被清朝中断的依据。然而满族服饰结构的研究表明，它所坚守的"十字型平面结构"系统，比任何一个朝代更充满着中华智慧，正是窄衣窄袖对褒衣博带的颠覆，回归了格物致知的中华传统，才有了民初改朝易服的窄衣窄袖的"改良"。这种情形在满族服饰的错襟技术中表现得更加深刻。

六

关于"满族服饰错襟与礼制"。错襟在清朝满人贵族妇女身上独树一帜的惊艳表现，却是为了弥补圆领大襟繁复缘边结构的缺陷。礼制也因此而产生：便用礼不用，女用男不用，满奢汉寡。且又与历史上的"盘领"和"衽

8

式"谜题有关。盘领右衽大襟在唐朝就成为公服的定制，公服作为官员制服，盘领右衽大襟是它的标准形制，又经历了两宋内制化的修炼，即便在蒙元短暂的停滞，到了明代又迅速恢复并成集大成者，这就衍生出盘领右衽大襟的公服和常服两大系统，盘领袍也就成为中国古代官袍的代名词。明盘领袍和清圆领袍在结构上有明显的区别，而在学术界的混称正是由于对结构研究的缺失所致。还有一个"衽式"的谜题。事实上这两个问题的关键都是结构由盘领到圆领、从左右衽共存到右衽定制，才催生了错襟的产生。关键因素就是袍制结构在清朝被推升为以"满俗汉制"为标志的至高无上的地位。

那么为什么在清以前的明、宋、唐的官袍称盘领袍，而清朝袍服称圆领袍？在结构上有什么区别？明、宋、唐官袍的盘领都是因为素缘而生，而清代袍服的圆领多为适应繁复缘边而盛行。为什么会出现这种现象仍是值得研究的课题，但有一点是肯定的，前朝官袍盘领结构，是为了强调"整肃"，而在古制右衽大襟交领基础上，存右衽大襟，改交领为圆领且向后颈部盘绕更显净素，但就形制出处已无献可考。据史书记载，盘领袍式多来自北方胡服，这与唐朝不仅尚胡俗，还与君主有鲜卑血统有关。北宋沈括在《梦溪笔谈》记："中国衣冠，自北齐以来，乃全用胡服。"初唐更是开胡风之先河，"慕胡俗、施胡妆、着胡服、用胡器、进胡食、好胡乐、喜胡舞、迷胡戏，胡风流行朝野，弥漫天下。"而官服制度是个大问题，尤其"领"和"袖"，因此右衽大襟盘领和素缘便是"整肃"的合理形式。清承明制，从明盘领官袍到清圆领袍服正是它的物化实证。而随着繁复缘边的盛行，盘领结构是无法适应的。这也并非满人的审美追求所致，而与完善"清制"有关。乾隆三十七年上谕内阁的谕文，中心思想就是"即取其文，不沿其式"，也就是承袭前制衣冠，可取汉制纹章，不必沿用其形式。这就是为什么在清朝，以袍式为核心的满俗服制中汉制服章大行其道的原因，这其中就有朝服的云肩襴纹、吉服的十二章团纹、官服的品阶补章。十八镶滚的错襟正是在这个背景下产生的，从明盘领结构到清圆领结构正是"不沿其式"的改制为繁复缘边的错襟发挥提供了条件。值得注意的是，它"独树一帜的惊艳表现"，是让结构技术的缺陷顺势发挥"将错就错"的智慧，"以志吾过，且旌善人"（《左传·僖公二十四年》)，大有强化右衽儒家图腾的味道。因为女真先祖"被发左衽"的传统，到了满洲大清完全变成了"束发右衽"的儒统，"错襟"或出于蓝而胜于蓝。

中华服制，东夷西戎南蛮北狄左衽，中原右衽，最终"四夷左衽"被中原汉化，右衽成为民族认同的文化符号。这种观点在今天的学界仍有争议。有学者认为："左衽右衽自古均可，绝非通例。"这确实需要证据，特别是技术证据。成为主流观点的"四夷左衽、中原右衽"是因为它们都出自经典，《论语·宪问》中孔子说："管仲相桓公，霸诸侯，一匡天下，民到于今受其赐。微管仲，吾其被发左衽矣。"意为惟有管仲，免于我们被夷狄征服。《礼记·丧大记》说："小敛大敛，祭服不倒，皆左衽，结绞不纽。"世俗右衽，逝者不论入殓大小，丧服都左衽不系带子。《尚书·毕命》说："四夷左衽，罔不咸赖，予小子永膺多福。"四方蛮夷不值得信赖。不用说它们都出自儒家经典，所述之事也都是原则大事，这与后来贯通的儒家右衽图腾的中华衣冠制不可能没有逻辑关系。

争议的另一个焦点是考古发现和文化遗存的左右衽共存。比较有代表性的是河南安阳殷商墓出土的右衽玉人；四川三星堆出土了大量左衽青铜人，标志性的是左衽大立人铜像；山西侯马东周墓出土的男女人物陶范均为左衽；山西大同出土了大量的彩绘陶俑，表现出左右衽共治；山西芮城著名的元代永乐宫道教壁画，系统地表现众天神帝王衣冠，也是左右衽共治。对这些考古发现和文化遗存信息分析，不难发现衽式的逻辑。凡是出土在中原的多为右衽，山西侯马东周墓出土的男女人物陶范均为左衽，翻造后正是右衽；在非中原的多为左衽，如四川三星堆。在中原出现左右衽共治的多为少数民族统治的王朝，如大同出土的北魏彩绘陶俑和元朝永乐宫的壁画。

由此可见，只有满洲的大清王朝似乎比其他少数民族政权更深谙儒家传统。自皇太极1635年定族名为"满洲"，1636年称帝，大清王朝建立，从努尔哈赤到最后一个清帝王御像都是右衽袍服。但这不意味着它没有"被发左衽"的历史，一个很重要的例证就是太宗孝庄文皇后御像，就是左衽大襟常服袍（《紫禁城》2004年第2期）。其中有三个信息值得关注，清早期，女袍和非礼服偶见右衽，这只是昙花一现。进入到清中期之后，女性的代表性非礼服就由氅衣和衬衣取代了，典型的圆领右衽大襟也为各色繁复缘边错襟的表达提供了机会。值得注意的是，十八镶滚缘饰工艺和错襟技术，必须确立统一的右衽式，也就不可能一件袍服既可以左衽又可以右衽。追溯衽式的历史，就结构技术而言，任何一个朝代必须确认一个主导衽式才能去实施，左衽？右衽？必做定夺。因此，"左衽右衽自古均可，绝非通例，"清朝满洲坚守的错襟右衽儒家图腾给出了答案。

七

关于"满族服饰结构与纹样"。纹必有意，意必吉祥，纹肇中华的服章传统在清朝达到顶峰。然而，人们过多关注清代朝吉礼服的纹章制式，如朝服的柿蒂襕纹、吉服的团纹、朝吉礼服的十二章纹、官服的补章等，它们形式布局有严格的制度约束，纹章等级是严格对应形制等级的。而真实反映满族日常生活的却是在满族妇女的常便服上，但捕捉它们并不容易，寻找服饰结构与纹样的规律更是困难。因为根据清律，女人常便之服不入典，实物研究就成为关键。值得注意的是，不论是朝吉礼服还是常便之服，特别是满洲统治最后一个多民族一统的帝制王朝，都不能摆脱国家服制的制约，即便是不入典的妇女常便之服。实物研究表明了深隐的大清衣冠治国与民族涵化的智慧，且都与乾隆定制有关。这在乾隆三十七年的《嘉礼考》上谕可见"国家服制"是如何塑造民族涵化的国家社稷。为了完整了解乾隆定制的民族涵化国家意志，这里将上谕原文呈录并作译文，可深入认识满人如何处理服制的"式"和"文"的关系并治理国家的。

○癸未谕，朕阅三通馆进呈所纂嘉礼考内，于辽、金、元各代冠服之制，叙次殊未明晰。辽、金、元衣冠，初未尝不循其国俗，后乃改用汉唐仪式。其因革次第，原非出于一时。 即如金代朝祭之服，其先虽加文饰，未至尽弃其旧。至章宗乃概为更制。是应详考，以征蔑弃旧典之由，并酌入按语，俾后人知所鉴戒，于辑书关键，方为有当。若辽及元可例推矣。前因编订皇朝礼器图，曾亲制序文，以衣冠必不可轻言改易，及批通鉴辑览，又一一发明其义，诚以衣冠为一代昭度。夏收殷冔，不相沿袭。凡一朝所用，原各自有法程，所谓礼不忘其本也。自北魏始有易服之说，至辽、金、元诸君，浮慕好名，一再世辄改衣冠，尽去其纯朴素风。传之未久，国势寖弱，浸及沦胥，……况揆其

11

议改者，不过云衮冕备章，文物足观耳。殊不知润色章身，即取其文，亦何必仅沿其式？如本朝所定朝祀之服，山龙藻火，粲然具列，皆义本礼经，而又何通天绛纱之足云耶？且祀莫尊于天祖，礼莫隆于郊庙，溯其昭格之本，要在乎诚敬感通，不在乎衣冠规制。夫万物本乎天，人本乎祖，推原其义，实天远而祖近。设使轻言改服，即已先忘祖宗，将何以上祀天地，经言仁人飨帝，孝子飨亲，试问仁人孝子，岂二人乎，不能飨亲，顾能飨帝乎。朕确然有见于此，是以不惮谆复教戒，俾后世子孙，知所法守，是创论，实格论也。所愿奕叶子孙，深维根本之计，毋为流言所惑，永永恪遵朕训，庶几不为获罪，祖宗之人，方为能享上帝之主，于以永绵国家亿万年无疆之景祚，实有厚望焉。其嘉礼考，仍交馆臣，悉心确核，辽金元改制时代先后，逐一胪载，再加拟案语证明，改缮进呈，候朕鉴定，昭示来许。并将此申谕中外，仍录一通，悬勒尚书房。

参考译文：

乾隆三十七年十月壬辰十月癸未上谕：朕阅览三通馆所呈纂订的《嘉礼考》，有关辽、金、元三代的衣冠制度，尚未明确。起初辽、金、元未必没有遵循本国族俗，只是后来改用汉唐礼仪形式。这种因袭的依次变革并非一时之举。以金代朝祭服制为例，尽管先前曾有一些纹饰增加，但并未完全摒弃旧制。直到金章宗时期才大体上完成改制。应详细考察诠释这种改变和蔑视废弃旧典的原因，并酌情附上相应的解释，以使后人知晓应该借鉴的教训，这有助于编撰史书且非常重要。辽、元两代可以此为例类推。在前期编订《皇朝礼器图式》时，我曾亲自写序，强调衣冠不可轻易更改。在审阅《通鉴辑览》时，我又一一阐明其义，诚然衣冠制度是一个朝代的文化彰显，需有一个朝代的样式。正如夏收冠和殷冔（xú）冠两者也并未相照沿袭，每一个朝代都有每个朝代的章程法度，这正是所谓"礼不忘本"的道理。自北魏开始就有了易服之说，到了辽、金、元，人们追逐虚名，一再更换衣冠，尽失朴素风尚。因此难以传续，国势便日渐衰弱，一次次沦丧。更何况那些提出改变的人，无非是说衮冕应齐备章纹，不过满足体统观瞻罢了。殊不知章服饰色润制，即取其章制，又何需限制它的形式？就像我朝所规定的朝祀之服，山、龙、藻、火等章纹齐备，都是合乎礼经的本义，又何必用通天冠、绛纱袍之类?而且，祭祀天祖是最崇高的礼仪，礼仪最隆重的地方在于郊庙。追溯其根本，重点是要诚敬地感应先祖，而不在于衣冠的规制。万物都本源于天，人的根本在于先祖，推究其本义，实际上天离我们很远，祖先更近。如果轻言改变服饰，那已经是先忘记了祖宗，那么又如何虔诚地祭祀天地呢？经言:有德行的人祭祀天帝，孝顺之祀供奉亲祖。试问，仁者和孝子能否是两个不同的人？不能尽孝于亲人，又怎能尽敬于天帝呢？朕对此深有感触，因此毫不犹豫地反复教导和告诫后世子孙，要知道应该如何依循和坚守我们创建的法度。我朝衣冠制度看似是一个创造性的举措，实际上是从格物而致知，穷其礼法本义的论理。故所愿满洲子孙（奕叶子孙）能深刻理解这个根本道理，不要被流言所迷惑，永远恪遵我的这个箴训，以免成为亵渎祖宗的罪人，只有这样才能献享昊天之主的恩赐，厚望国家繁荣昌盛万世无疆。这个《嘉礼考》，仍由三通馆官员务必"其文直，其事核"，逐一详载辽、金、元改制的先后次序，并附拟考证说明，修订完善呈朕，待审定后，并将宣告昭示内外，同时著录尚书房。

　　乾隆上谕这段文字足见乾隆帝儒家修养的深厚，这本身就说明了国家意志的顶层设计。他揭示了乾隆定制"即取其文，不沿其式"的服制国策。最重要的是，他暗喻满洲祖先创建的国家，自北魏开始就有了易服之说，到了辽、金、元，人们追逐虚名，一再更换衣冠，尽失朴素风尚，因此难以传续，国势便日渐衰弱，一次次沦丧。因此他毫不犹豫地反复教导和告诫后世子孙，要知道应该如何依循和坚守创建的法度。清朝衣冠制度看似是一个创造性的举措，实际上是从格物而致知，穷其礼法本义的论理。他愿满洲子孙（奕叶子孙）能深刻理解这个根本道理，不要被流言所迷惑，永远恪遵这个箴训，以免成为亵渎祖宗的罪人，只有这样才能献享昊天之主的恩赐，厚望国家繁荣昌盛万世无疆。这才有了我们从满族妇女氅衣、衬衣这些便服，将汉制襕纹变成满俗的隐襕，将汉人妇女挽袖纹饰前寡后奢的礼制教化，变成满人妇女"春满人间"的人性自由追求。

八

关于"大拉翅与衣冠制度"。这是从王金华先生提供系统的大拉翅标本研究开始的，它也是满洲妇女的便服首衣。大拉翅所承载的满俗文化信息，或是清朝礼冠所不能释读的，但又可以逆推它的衣冠制度。

大拉翅有太多的谜题值得研究：为什么大拉翅到晚清几乎成为满族妇女的标签；它作为满族贵族妇女常服标志性首衣，尽管女人常便之服不入典章，但它为什么受到当时实际掌权人慈禧太后的极力推崇；从便服系统的氅衣和衬衣来看，春夏季配大拉翅，秋冬季配坤秋帽，这种组配已经主导了当时满族妇女的社交生活，成为慈禧和格格们会见包括外国公使夫人在内的社交制服。客观上以氅衣配冬冠或夏冠的标志性便服，已经被慈禧太后塑造成事实上的礼服，而最具显示度的便是"氅衣拉翅配"，代表性的形制元素就是氅衣华丽的错襟和大拉翅硕大的旗头板与头花。无怪乎在近代中国戏剧装备制式中，形成了以"氅衣拉翅配"为标志的满族贵妇角色的标志性行头，这也在慈禧最辉煌的影像史料中几乎是疯狂的上镜表现，然而在清档和官方文献中甚至连大拉翅的名字都难觅其踪。

大拉翅的称谓、结构形制和便冠定位是在晚清形成的，据说"大拉翅"是慈禧赐名，但无据可考。如果从两把头和大拉翅所保持直接的传承关系来看，其历史可以追溯到清入关前的后金时代。这意味着满族妇女首服从两把头到大拉翅，正伴随了1635年皇太极定族名"满洲"转年称帝建大清一直到1911年清覆灭，近300年的历史。而大拉翅与满俗马蹄袖从族符上升到国家章制的命运完全不同，甚至连它的历史文脉都难以索迹，难道是儒家的"男尊女卑"思想在作祟？事实上，大拉翅最大的谜题是，在清朝不论男女还是礼便首服，没有哪一种冠像大拉翅那样由发髻演变成帽冠形制。它从入关前的"辫发盘髻""缠头"到入关后的"小两把头""两把头"，再到清晚期的"架子头"和"大拉翅"，都没有摆脱围绕盘髻缠头发展，只是内置的发架变得越来越大，最终还是脱离了盘髻缠头的"初心"，变成了没有任何实际意义的"冠"。讽刺的是，大拉翅的兴衰正应验了乾隆《嘉礼考》上谕"自北魏开始就有了易服之说，到了辽、金、元，人们追逐虚名，一再更换衣冠，尽失朴素风尚。因此难以传续，国势便日渐衰弱，一次次沦丧"的担忧成了现实。值得注意的是，表面上大拉翅衍变充斥着满俗传统，其实人们忽视了它最核心的部分——扁方。因为不论是小两把头、两把头、架子头，还是变成帽冠的大拉翅，扁方不仅始终存在，还作为妇女高贵的标志。因此，扁方成为大拉翅的灵魂所在，通常被藏家珍视而将冠体抛弃。扁方材质不仅追求非富即贵，而且它的图案工艺"纹必有意，意肇中华"的儒家传统比汉人有过之无不及。大拉翅走到"尽失朴素风尚"的地步，在实物研究中真正地呈现在人们面前，成为清王朝覆灭的实证，所思考的或许有更深更复杂的原因。

九

关于"清代戎服结构与满俗汉制"。清代戎服是满人的军服还是标志大清的国家戎服，从一开始就模糊不清，或是历朝历代从没有离开中华古老戎服文化这个传统，清朝戎服的"满俗汉制"也不例外。这个结论是从完整的清代兵丁棉甲实物系统的研究得出的，特别是对棉甲结构形制的深入研究发现，它们和秦兵马俑坑出土成建制的各兵种、士官、将军等铠甲的结构形制没有什么不同。同时在兵丁棉甲实物研究的基础上拓充到将军、皇帝大阅甲，尽管不能直接获得皇帝棉甲的实物标本，但可以从权威发表的实物图像和兵丁棉甲实物结构研究的结果比较发现。它们的形制都是由甲衣、护肩、护腋、前挡、左侧挡和甲裳构成，只是将军甲和皇帝甲增加了甲袖部分。兵丁棉甲实物结构的研究表明，这些构成的棉甲部件都是分而制之，并设计出组装的规范和程序。这些都是基于实战，以最大限度地保护自己和有效地攻击敌人的设计。这意味着将军甲和皇帝甲也要保持与兵丁甲一样的结构形制。这也完全可以逆推到秦兵马俑成建制的各兵种、士官、将军等铠甲为什么呈统一的结构制式。这不能简单地理解为秦代很早进入"近代工业化生产"的证据，而是"国之大事在祀与戎"的长期军事文化实践的结果。大清王朝无论是时间还是成就所创造的辉煌，都不会忽视"国之大事在祀与戎"的帝制祖训。那么"满洲"在戎服中是如何体现的？清朝的成功或许从满俗融入华统的戎服制度建设可见一斑。

　　清朝服制是以乾隆定制为标志的，从前述乾隆《嘉礼考》上谕的帝训，可以归结到"即取其文，不沿其式"。但如果审视全文的语境就会发现"即取其文，不沿其式"根据实际情况是会发生变化的，并"故所愿满洲子孙（奕叶子孙）能深刻理解这个根本道理。"这个根本道理就是"我朝衣冠制度看似是一个创造性的举措，实际上是从格物而致知，穷其礼法本义的论理"。因此在大清戎服这个问题上，先要"穷其礼法本义"，这个"本义"就是"以最大限度地保护自己和有效地攻击敌人"总结出来的结构形制的戎服传统必须坚守。清朝戎服规制就不是"即取其文，不沿其式"，而正相反，"即取其式，不沿其文"。"即取其式"是保持它的结构形制传统，"不沿其文"就有机会导入八旗制度：正黄旗、镶黄旗、正白旗、镶白旗、正蓝旗、镶蓝旗、正红旗、镶红旗。这在中国古代戎服制度上确是一个伟大的创举。有学者认为，清朝作为少数民族统治的帝制王朝时间最长，最具成就。这并不在清本朝，而是在清之前努尔哈赤统一建州女真、东海女真以及海西女真大部分的同时创制了满文和创立了八旗制度，这不仅成为皇太极定族名"满洲"、称帝建清的基础，也预示着一个辉煌中华的肇端。

2023年5月13日于北京洋房

16

目录

第一章

绪　论

中国古代服饰发展到清代明显地表现出满族特点，其中襟缘文化是它的重要标志。在清代大襟服饰中，除领襟缘饰在前中顺接使纹案呈规整形式之外，也普遍存在领襟缘饰逆接使纹案呈错位形式，姑且称为顺襟和错襟。错襟满汉共治且女用男弃，不同的是表现出满奢汉寡。满族女子服饰错襟形式多变，涵盖的服饰品种主要集中在便服，成为研究清代满人贵族妇女燕居服饰不容忽视的关键点。无论在官方还是民间，清代服饰有大量的存世实物，也有典籍的图像绘制记载，这对错襟的辨析，提供了殷实的研究基础。基于收藏家王金华多年的清代服饰收藏的积累、与其良好的学术交流与实物研究的支持，在错襟结构研究工作开展之前，能够着手展开清代大襟服饰标本系统的信息采集和测绘工作。在这个过程中意外发现纳纱标本错襟完整的信息，因为面料通透，又无里料覆盖的困扰，可以在不损伤文物的情况下看清错襟折叠走势的内部结构，从而发现错襟完全不是主流观点认定的"晚清装饰风格"，而是作缝与"Z"字形镶边遮蔽的"将错就错"工艺。

标本的近距离观察，能够直观地解读为什么要采用错襟拼合与镶边的特殊缝制工艺，而不再局限于文字与图像文献的片面不确定性所产生的主观臆断，当然这需要复原的实验。错襟是伴随着领襟缘饰而存在的，它缚缀在领襟表面，也就形成了"先缝后贴"和"先贴后缝"两种技术方式。因此，错襟的形成与结构和缝制工艺有着密切联系。值得研究的是，这种格物致知命题的背后还有深层的制度问题，且充满着正统的中华礼制教化，或是满俗汉制的经典范例。

一、错襟形成的记录不在典章存于实物

清朝汉族妇女褂裙的上下组合成标配，满族妇女用袍的内外组合为标配。袍的标准形制就是右衽大襟，这种形制如果在褂中出现就变成了袄。大襟服饰是错襟的载体，领襟出现边饰是错襟产生的先决条件。因此错襟在满族妇女中流行是符合其衣俗传统的，重要的是采用了他山攻错的方法。边饰是指服装边缘的装饰。其实最初的动机是对服饰边缘进行修整加固，使来之不易的织物延长寿命。边饰对服装有保护作用，决定了其位置一般在衣服的边缘，如领口、衣襟、开衩、下摆、袖口等。因为这些部位呈毛边，需要加固且易磨损。在古代受纺织技术和机械的限制，织成的布料幅宽比较窄，因此宽袍大袖的主身必用双幅拼接而成，左右阔袖再用两幅拼接，形成古代服装结构的"四幅制"，且从唐代至清代从未改变。但这仍不能满足要求，就用边饰起到增加衣长、袖长的作用。边饰的无尽好处为其提升礼制的符码和祈吉愿望打下基础。边饰初始并不是满人服饰的专利，这是由其游牧生活穿着皮质服装的习俗所决定的。当边饰被满人统治者掌握或支配纺织技术就会大放异彩，到后期逐渐喧宾夺主，乃至晚清服饰边饰有"十八镶缂"之称，错襟独特的边饰技艺也达到了顶峰（图1-1）。

图1-1 晚清"十八镶缂"和细节[1]

---

1 来源：摘自《故宫经典：清宫后妃氅衣图典》。

回归边饰的历史，先秦汉族服装的边饰，多为衣长袖长的延展。对于边饰文献的研究发现，它有很多规制记录。《礼记·深衣》中明确记载了家庭状况不同，深衣的缘边用料不同。"具父母、大父母，衣纯以缋；具父母，衣纯以青。如孤子[1]，衣纯以素。纯袼、缘、纯边，广各寸半。"[2]衣纯即衣服的边饰，汉族服饰领襟边饰，呈缘相交服之，谓之"交领"；连接衣摆亦边饰呈缘缠绕服之，谓之"曲裾"；袖口边饰呈缘，与袖"袼"相连，谓之"祛褾（袖口缘边）"。三处边饰面料统一，形制规整。由此可见，边饰形制直接反映着装者的社会属性、生平信息和身份地位（图1-2）。

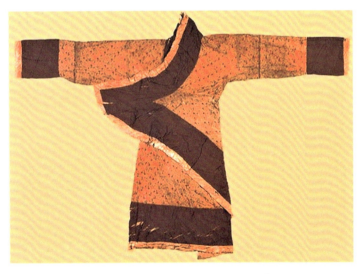

图1-2　汉代曲裾深衣的边饰形制[3]

先秦·左丘明《左传·宣公十二年》："训之以若敖、蚡冒，筚路蓝缕以启山林。"[4]杜预注："蓝缕：敝衣"。当年的楚国先民，就是穿着破衣，拉着柴车，开垦了山坡林地，创建了楚国。无缘之衣谓之褴,袂衣谓之褛。衣衫

1　郑玄注：三十不称孤。
2　崔高维校点：《礼记·深衣》，辽宁教育出版社，2003，第79页。
3　来源：马王堆服饰博物馆，长沙马王堆一号汉墓出土。
4　郭丹、程小青、李彬源译注：《左传》，中华书局，2022，第350页。

褴褛最初始的意思是没有边饰、破破烂烂的衣服。扬雄在《方言》里也同样证实了褴褛无缘的词意，"以布而无缘，敝而紩之，谓之褴褛"[1]。先秦时期，边饰规制已得到初步确立，它不仅传达了服制的信息，其标识作用彰显着身份地位，"衣纯以素"则是它的基本特征。

此后，边饰依然顺承地位等级的设计理念，东汉时期对女子婚礼服饰的缘边有严格的规定，用于突出身份地位的尊卑。《后汉书·舆服志》中记载，"公主、贵人、妃以上，嫁娶得服锦绮罗縠缯，采十二色，重缘袍。特进、列侯以上锦缯，采十二色。六百石以上重练，采九色，禁丹紫绀。三百石以上五色采，青绛黄红绿。二百石以上四采，青黄红绿。贾人，缃缥而已"[2]。其中只有公主、贵人和妃以上才可以"重缘袍"。统治阶层为维护社会等级尊严，不仅限定各品阶妇女适用相应等级的材料，还以"重缘"明示皇族特权。所以，自东汉舆服修志开始，边饰就成为封建社会等级森严的标志，说明在此之前缘制文化就已形成。《后汉书·舆服志》中记载，"祀宗庙诸祀……皆服袀玄，绛缘领袖为中衣，绛袴袜，示其赤心奉神也"[3]。意思是宗教祭祀必须穿着领和袖口镶有绛红色边饰的中衣和黑色的外衣，以表示用赤诚之心对神明和祖先的崇奉。到明代这种赤诚之心被赋予了思辨智慧，这就是"黻"纹，领缘在皇后中单（相当今天的衬衣）中的运用。《明史·舆服志》记载，"……素纱中单，黻领，朱罗、縠（绉纱）褾（袖端）、襈（衣襟侧边）、裾（衣襟底边），深青色地镶绛红色边绣三对翟鸟纹蔽膝，深青色上镶朱锦边、下镶绿锦边的大带，青丝带纽扣……"[4]。明代皇后礼服中单的领缘黻纹，襟侧、袖缘和摆缘均为素面朱罗绉纱。可见领缘黻纹是作为皇后至高无上的象征。值得注意的是，黻纹并无泛用，不仅限用于领缘，作为中单，还要配盘领袍外衣，整装后中单领缘黻纹仅剩后领。可见惜章如金的汉制并未被清朝继承下来，而是被发扬光大了（图1-3）。

---

1 扬雄：《方言》，中华书局，2006，第125页。
2 [宋] 范晔：《后汉书》，中华书局，2007，第1043页。
3 同上。
4 [清] 王鸿绪：《明史稿》，宁波出版社，2008，第2848页。

图1-3 明代皇后礼服四幅制中单缘边的霞领和蔽膝[1]

清代后期满族女性服饰的衣襟袖口讲究满纹绣作边饰。汉族妇女也大有跟进的趋势，这也是晚清独特的文化反哺现象。明末"绣初施于襟条以及看带袖口"，至清初改"用满绣团花"，乾隆时期汉族女装衣袖阔达尺二，因而更加注重袖饰，"外护袖以锦绣镶之，冬则用貂狐之类"[2]。清代汉族女性对于服饰镶绲花边的运用超过了前代，显然是被满族娇饰风格的影响所致。除袖口外，衣领、衣襟、下摆和裤脚也均有宽窄不一、形式各异的花边，从二镶二绲到五镶五绲，绲条道数与日俱增，直至清后期的咸丰、同治年间达到极致，号称晚清"十八镶"[3]。光绪年间流传有关女服的《竹枝词》形容说："女袄无分皮与棉，宝蓝洋绉色新鲜。磨盘镶领圆如月，鬼子阑干遍体沿。"[4] "磨盘镶领"是说镶绲的技艺，"鬼子阑干"是指纹样的惊艳表现，可见镶绲之盛。受汉族服饰从素地宽襟到锦绣宽襟风格转变的影响，清中期之后，原本以实用功能为主的满族服饰也开始讲究锦绣宽襟的花边镶绲。

清代满族服饰从明制的大襟盘领袍逐渐转变为大襟圆领袍，为领襟一体缘边纹样经营提供了条件。因此清代服装中领襟常常是最费工、最引人注意的地方，领口周围的装饰复杂，并且领与襟、襟与摆贯通相连，复杂的边饰从领

1 来源：摘自《图说明代宫廷服饰（七）——皇后礼服》。
2 [清] 李斗：《扬州画舫录（卷九）》，山东友谊出版社，2001，第231页。
3 [清] 徐珂：《清稗类抄（第十三册）》，中华书局，1986，第6187页。
4 李佳睿：《北平风俗类征（上册）》，商务印书馆，1937，第240页。

口顺延至大襟到底摆，形成完整的缘边装饰风格。领襟一体构成的装饰主基调，在领和襟的结合部凸显设计焦点，按现在的设计术语叫"设计眼"。重要的是，满人深谙它的美学价值，创造了顺襟和错襟。然而并未发现顺襟和错襟在文字中的记载，这与清代典章，特别是对匠作记录"重绘录，轻文字"有关。主流的文献典籍《清史稿》《大清会典》《大清会典释例》等，对清代冠服制度有详细的记载。图像文献有《钦定大清会典图》，对冠服制度，上至皇帝后妃下至文武百官，所穿各类服饰均有详图描绘并有文字注释；《皇朝礼器图式》更是一本少有的彩色图像文献，其中冠服式样依规制用色彩图绘，服饰的完整形制得到真实记录。由于错襟形制属便服制式，根据便服不入典的清律，所以在典章中没有便服，也就看不到错襟的图式记录（图1-4）。

图1-4 《皇朝礼器图式》皇帝冬朝服画样[1]

---

1 来源：摘自《皇朝礼器图式》。

在这些典章制度里，错襟无从可考；但在大量存世实物中，错襟反复出现。在时间节点上主要出现在清中晚期，在类型上主要分布在以氅衣、衬衣为标志的便服中，且满奢汉寡，男弃女存。在对王金华有错襟的丰富藏品进行数据采集、绘制和结构图复原的工作中，特别以错襟为研究重点，深入研究其工艺与结构的关系，寻找成型机制。通过对实物的系统研究与整理，结合文献考证试图探寻错襟为什么便用礼不用、男弃女存、满奢汉寡颇具时代特征的文化现象，这对中国古代服饰史研究或许具有填补空白的作用。而这一切确是满人创造的这个特殊时期、特殊人群、特殊样式的经典范示。重要的是，它颠覆了作为时代装饰风格的认知，因为实物研究的所有证据都指向了领缘和襟缘连接形成的特殊结构，这就是物质文化（material culture）研究的意义所在（图1-5）。

图1-5　晚清氅衣的错襟与结构图[1]

---

1 来源：摘自《故宫经典：清宫后妃氅衣图典》。

二、清代服饰的实物文献

在传统民族服饰研究中，错襟不会成为满族服饰研究的重点。因为它是在满族入主中原建立清王朝，与汉文化深度融合后逐渐形成的，而且发展到晚清才成势而定型。研究清代服饰学者也不会把错襟作为重点，因为具有错襟标志的便服不入章，没有更多的文献可考，更重要的是需要有实物条件和专业技术研究的积累。但这些研究成果有必要梳理，以确立错襟坐标。

周锡保著《中国古代服饰史》中的清代部分是最早详细整理清代服饰的通史之一，从古籍中列举图例，从文献中寻找规律，从实物上提供佐证，较为详尽地记述了清朝衣冠制度的演变过程，而且不仅仅局限于宫廷，妇孺百姓、僧人道士等均有涉及，所以，本书涵盖广泛，也就限制了专题的深入研究。作为同样具有开山意义的沈从文的《中国古代服饰研究》，其中着重研究了清代同时期少数民族服饰，填补了此领域的空白。陈娟娟主编的《中国织绣服饰论集》和黄能馥、陈娟娟共同撰写的《中华历代服饰艺术》两书中的清代部分都介绍了清代服饰的发展背景和冠服形制特征，重要的是，它们都以故宫馆藏为线索。陈娟娟师从沈从文，工作在故宫博物院，毕生致力于中国织绣文物研究。故宫清代的织绣文物数量众多，因此，在她的书中对于清代织物艺术的研究较为深入。还有常沙娜的《中国织绣服饰全集》，也以博物馆藏图录的方式，较完整细致地记录了清代织绣和纹样的实物样貌。服饰是织物、纹样和技艺的集合体，学者对清代服饰实物的完整呈现，在对某个专题的系统研究中提供了更加全面且可深入探究的参照系，当然这还需要实物研究的数据成果支持。

之后出现更多专题研究清代服饰的成果多以宫廷为主，如冯林英和宗凤英的《清代宫廷服饰》、孙彦贞的《清代女性服饰文化研究》和夏艳等的《大清皇室的走秀台：服饰卷》等。作为清代服饰的专题，最大特点是引进了很多优质的实物文献，在文献梳理的同时，通过结合实物事件分析，让人们更加清楚地理解服饰形制变化的社会机制。宗凤英的《清代宫廷服饰》，将服装的研究更加地贴近拥有者，一些反常态难以解释的现象，放置到某些特定人身上就能够得到解释。比如王公贵族、文武百官不遵礼制，私改衣物，但在慈禧身上却出现或促使某种服制更迭，或触发某种风尚流行，但无论如何会导致一些衣冠制度上的混乱。当我们不了解当时约定俗成不成文规定的时候，一定会产生对服饰形态的误判。对清朝官营织造源头江南三制造的研究分析发现，它不仅承担着典章礼制规定的皇族官服的制作，也负责完成不入典章礼制的女眷便服的制作。这些宫廷服饰以优质的实物文献给予呈现，无疑为其深入研究提供了重要线索。

清代服饰中满族服饰占了主导地位，对于研究满族服饰文化来说，清代成为满族服饰最为辉煌的时期是不能绕开的。值得关注的是曾慧著《满族服饰文化研究》和满懿著《旗装奕服：满族服饰艺术》，两书从满族的源头进行梳理，到发展迁徙，再到实力壮大入主中原，建立清王朝，研究满族服饰最终又落到对清代宫廷服饰的研究，使人们理解满族服饰与汉族服饰相互影响所带来的变化，两者碰撞产生出新的服装文化。值得注意的是，这种文化表现，便服比礼服，女服比男服更加丰富而生动，例如晚清才定型的标志性氅衣和衬衣就是这个时代的产物，错襟又是它们的典型特征。这确实值得深入研究。

清代作为最后一个帝制王朝，实物遗存众多，以实物图录的出版物也是难得的实物文献。许多博物馆将馆藏和私人收藏珍品汇集成册，按礼服、吉服、常服、行装、戎装和便服的清制分类等级划分并呈现于世，可谓是满俗汉制服饰集合之大成。最早的有台湾学者陈癸淼在1988年出版的《清代服饰》，内容详尽，品相精美。王金华、周佳著的《图说清代女子服饰》，展示了中国民间收藏家的清代服饰精品，其中很多是传世显贵实物，弥补了清宫实物文献之外的欠缺。张琼编著的《清代宫廷服饰》和严勇、房宏俊编著的《天朝衣冠：故宫博物院藏清代宫廷服饰精品展》，为故宫实物文献研究的权威信息，更为珍贵的《故宫经典：清宫服饰图典》和《故宫经典：清宫后妃氅衣图典》的专题收录，很多难得一见的实物首次面世。这些对清朝服饰文化的满汉比较、宫廷与民间的比较研究提供了不可多得的实物文献。

陈正雄的《清代宫廷服饰》与一般的实物文献不同，其价值在于作者是著名的清代宫廷服饰收藏家。他不遗余力地将一些流失海外的清代宫廷服饰出资购买，集合成册，虽然书中断代没有那么精准，但丰富了实物文献图库，增添了很多新信息。宗凤英编著的外文实物图录 *Heavenly Splendour:The*

Edrina Collection of Ming and Qing Imperial Costumes，书中所列实物为Edwin Mok收藏流至国外的明清服饰，它和Verity Wilson的 *Chinese Dress*当中收录的大量清代服饰，可视为流失海外清代服饰的实物文献范本。

在期刊论文与学位论文方面，特别在满汉服饰文化融合上有所关注的，有李金侠《浅谈清代满汉女子服饰特征》、吕尧《浅谈清代满汉服饰文化的交融》、杨素瑞《清代氅衣造型工艺特征分析》和殷安妮《清代宫廷便服综述》等。许仲林《清末民初女装装饰工艺研究》和孙云《清代女装缘饰装饰艺术研究》是最接近本选题方向的两篇学位论文，其内容详尽、分析透彻，值得借鉴，但错襟的结构、工艺、技术等问题都没有进入它们的视线。

由此可见，清代服饰实物文献所能够解决的问题，只能证明实物一切信息的存在与史料得以相互印证，但解决不了历史遗题。这就需要对实物标本进行实验室式的研究，才能真正解决满俗汉制的有史无据问题，但这不需要对实物标本进行大面积的研究，而是需要结合文献研究比较类推、相互印证。

三、文献与标本相结合重标本的研究方法

清代宫廷服饰制度繁密，与中国古代历朝服制相比，恐怕是最具民族化的，换句话说是最具满族化的，且存世实物标本数量多、系统性强。国内学术界对其研究大体保持在文献与标本结合重制度文献的研究上，对标本研究处于重形制轻结构的层面，目前缺少实验考证的科学依据，尚未形成像考古学的青铜器、瓷器等文物一样对单类样本进行全息数据的深入实验研究成果，这或许与古法服装的专业人才缺乏和保护古代纺织品的政策有关。因此，合理权威的中华古典服饰结构谱系的研究成果自然就稀缺。此次采用文献与标本相结合重标本的研究方法是基于有可靠文物标本的掌握，使探索错襟的满族实物考据成为可能，对标本采用麻雀解剖式的研究成为关键。依托清代服饰收藏家王金华藏品的实物研究，全息数据的采集得到了根本解决。重要的是，错襟的清代标本成系统，主要工作是对其进行测量、绘制及结构图复原，通过对标本纹样内在结构的数据与文献的综合分析，挖掘错襟的构成动机和形制规律，取得了重要的学术发现和技术成果。

中国制衣技艺和匠作法式自古以来是靠师徒口传心授传承的，特别是服饰往往是意识形态渗透在技艺的对话当中，因此师徒的领悟至关重要。但这不意味着法度不存在，这就形成了无论古代或当今时代，都鲜有裁剪制衣流程和法则的文献留存，结构细节、算法、制作程序的样式图从未发现，只留有皇家典章规定的部分手绘外观图和纹章图样传世绘本，也没有相应的规制文字和设计记录。这也仅限于清朝，因而从样稿到成稿的技术过程成谜。对实物的信息采集和结构图的复原为我们提供完整的服饰结构和形制关联研究的一手材料。此类研究成果的可靠性需要大量的结构、材料、技艺的信息采集、测绘和实证考据，才有可能真实还原这种口传心授的动机、形制目的和技艺流程。梁启超先生曾在《清代学术概论》中提到，清代学术研究要有"实事求是，无证不信"[1]的科学研究思想。梁思成先生也说过，"搜集实物，考证过往，已是现代的治学精神"[2]。这正是强调了标本研究不可替代的重要性，秉承了王国维"二重证据法"（文献和实物互证法）的考据学派传统，可见，重实物研究的

---

1 梁启超：《清代学术概论》，上海古籍出版社，2005，第4页。
2 梁思成：《中国建筑史》，百花文艺出版社，2005，第1页。

考据学研究方法，俨然已成为研究治学的常用手段，这在晚清就被学术界确立了。在当今民族复兴的浪潮中，实证考据研究的学术传统更需要传承和弘扬，用客观的学术调查和考据研究保留民族文化，为后人的艺术创造留下可寻的传统治学理念[1]。文献与标本相结合重标本的研究方法正是对践行这种理念的有益尝试。

---

1 这种传统治学理念来自梁思成《中国建筑史》"艺术创造不能完全脱离以往的传统基础而独立"，"以客观的学术调查和研究唤醒社会，助长保存趋势，即使破坏不能完全制止，亦可逐渐减杀"。

四、标本信息采集和结构图复原

　　清代服饰收藏家王金华被文博界誉为清代满汉贵族服饰收藏的集大成者，正是由于他的支持才得以进行满汉错襟的实物比较研究和深入的技术性挖掘，为本课题提供了采集一手材料的机会和实证的研究平台。而结构信息采集近乎解剖式的工作，依据博物馆标本研究的规范要求，对其形制、结构、制作技艺作真实客观的记录，为现代人了解古代制衣的工艺、法则，对当时文献解读和深入认知都尤为重要。这好比了解一个国家的文学样貌前，先要学习它的语言文字和语法句式一样。因而，满汉传统服饰标本的结构研究，为探索错襟这种特殊的文化现象开启了一扇大门。

　　选择王金华收藏的清代服饰中具有代表性的满族服饰标本，其中以标志性的氅衣、衬衣便服为主，材质包括纳纱类、缂丝类、绸缎类、漳绒类等，基本涵盖了错襟的常见形制，为系统研究提供完整可靠的实物条件。标本信息采集、测绘和结构图复原工作，包括服饰的外观信息、主结构、主结构毛样、衬里结构、衬里结构毛样、贴边结构、工艺信息、纹样信息等。标本结构信息按1:1全数据采集，包括衣身、领子、袖子、下摆及其他特殊结构数据。标本研究过程严格按照文物信息采集的工作流程，不能对标本做破坏性的实验作业，因此某些已缝合的局部数据可能存在误差或无法获取，该情况虽不可避免，但并不影响实验结果。此项工作重点在于对一手材料和手稿的研究整理，包括标本的分析、讨论记录、草图绘稿、影像采录、结构数据手稿、标本的数字化整理工作等。这项极其繁复、耗时和细致的工作为研究提供了不可或缺的一手材料，正因如此，为重要的学术发现和破解谜题提供了铁证（图1-6、图1-7）。

标本研讨

外观信息采集

工艺信息采集

衬里信息采集

纹样信息采集

结构信息采集

图1-6 标本信息采集

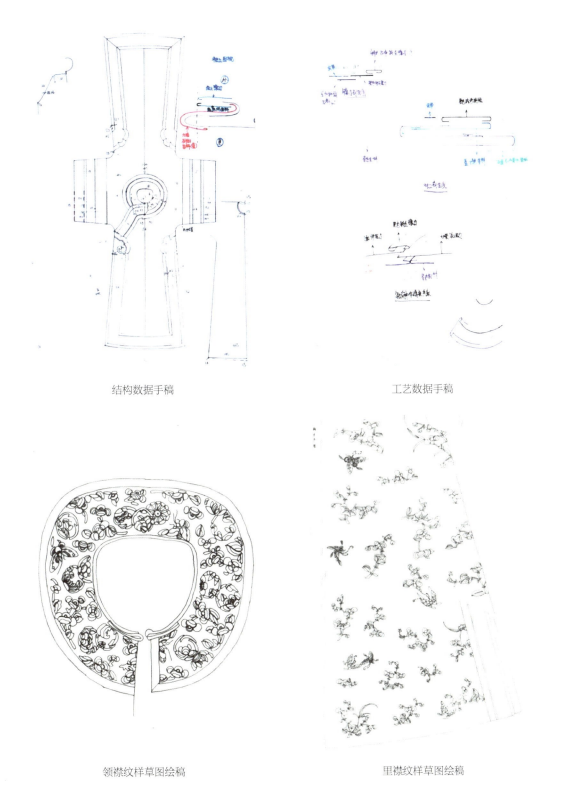

结构数据手稿　　　　　　　　　　　工艺数据手稿

领襟纹样草图绘稿　　　　　　　　　里襟纹样草图绘稿

图1-7　标本研究的手稿和绘稿

梁思成先生在古建筑普查测绘工作中倡导以现代化专业手段记录建筑的完整结构，该手段作为当代考据学派的研究范本很好地记录了中国传统建筑的外貌与内部结构的营造和关系，这种高质量、专业化、系统性文献整理本身就成为中国古建文化遗产重要的组成部分，给后人的中国传统物质文化研究提供了一个重要的成功范本。只是现在手工手段变成了数字技术，不变的是专业知识。王金华藏品的全数据采集与测绘的作业流程和方法，从梁思成先生古建研究中得到很好的启发和指导。例如标本结构的信息采集就考验研究者的专业知识，但不可或缺的是，所得全部数据信息采用现代数字化技术还原才真实可靠，并以数字文献形式载录。标本结构测绘和复原工作成为重点，该过程利用Illustrator、Photoshop、CAD等专业制图软件完成，后期处理工作要严格尊重原始数据，反复进行验证，使一手材料更加准确、完整，工作更加高效（图1-8）。

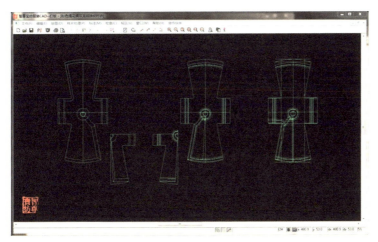

标本结构数字化

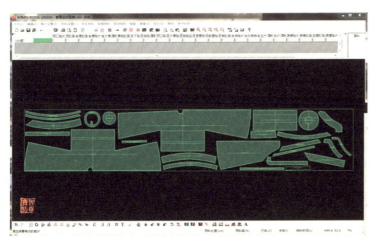

标本排料实验数字化

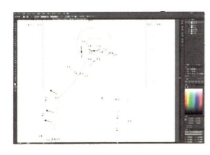

标本错襟结构数字化

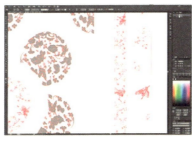

标本纹样数字化

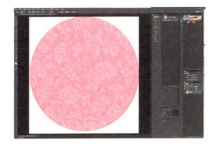

标本面料数字化

标本缘边纹样数字化

图1-8　标本信息采集的数字化整理

五、标本的系统信息与文献考证研究的思考

标本的信息采集以"精、深、实"为原则，其中"精"是相关的形制信息要精准，"深"是要深入到解剖式的结构信息采集，"实"是采集、测绘和复原的形制结构、纹样、工艺等信息要真实可靠。这也是传统的文献逻辑推导无法做到的。但标本研究不是普遍性的，而是针对性的、典型性的。利用概率性的数据同样需要实物结合文献考证的对应分析和相互印证，因此，分析标本数据并与实验工作所获得的一手材料结合文献进行相关类型的比较学研究，以此深入剖析找出客观的普遍规律。这种实证研究的个案和文献相结合的思路，是由个别到一般，从定量到定性分析探索物质文化某种普遍规律的有效研究方法。以此与文献考证研究手段互为承接，使所构建的理论更具客观性、严谨性和可靠性。

（实物）标本的系统研究表明，错襟虽然是一个特殊时代、特殊人群、特殊品类的物质形态，但结合主流文献研究显示，它又具有明显的普遍性和规律性的文化特征，如它只用于便服，它只流行于女装，它有明显的满俗风向，它的形制丰盈流变清晰却都指向一个源头，这就是中华襟制文化。

第二章

清代袍服的大襟
规制与错襟

清代满族政权虽改朝易服，但本承前制的基本国策未变，传承了汉统文化精髓，"衣作绣，锦为缘"，"续衽钩边"[1]。《仪礼·丧服》载"幅三袧"，汉郑玄注："袧者,谓辟两侧,空中央也。祭服朝服,辟积无数"[2]。这些中国古代服饰的传统形制与带有满族风尚的披领、马蹄袖、紧衣窄袖巧妙地结合起来，实现了从实用到制度的华丽变身，不仅缔造了"马上得天下"的辉煌历史，同时创建了中国古代服饰制度改革的满族范式。通过对清代不同等级男女服饰形制的梳理发现，无论是礼服的顺襟，还是便服的错襟，都是延着上古的右衽交领大襟、中古的右衽盘领大襟、近古的右衽圆领大襟的文脉发展而来，其中右衽和大襟保持不变，那么顺襟和错襟为什么成为服制的符码？值得注意的是，这并没有在典章中明确，却严格地在服饰的行为中坚守着。

---

1 缪良云：《中国衣经》，上海文化出版社，2000，第381页。
2 [汉] 郑玄注：《仪礼注疏（全三册）》，上海古籍出版社，2008，第109页。

一、朝袍的大襟错

礼服是遇重大典礼和祭祀活动时穿用的配套服饰。在清代冠服制度中，礼服分类庞杂、功用繁复。皇帝朝服组配包括朝冠、朝袍、衮服、端罩、朝珠、斋戒牌、革带、朝靴等，分冬夏式计20余种，其中由蓝、明黄、红和月白四种颜色统领，象征天地日月。皇后朝服组配有朝冠、金约、领约、耳饰、彩帨、朝珠、朝袍、朝褂、朝裙、朝靴等，亦分冬夏式计20余种、天地日月四制。不论是皇帝皇后，还是文武百官，配饰高低多寡分等级，而形制必须坚守圆领右衽大襟和披领、马蹄袖。如果说前者为继承华统的话，后者就是满人的祖俗，可谓是"满俗汉制"的深刻体现。

清代帝王朝服称朝祭服，《大清会典事例》载"皇帝朝祭冠服，皆为礼服"[1]。清代之前各朝，祭服与朝服分开行使不同功能，形制也各不相同，且君臣按等级均有相应的朝祭服形制。清代皇帝至文武百官乃至后宫嫔妃朝服与祭服合二为一，从此朝服具有朝祭两种功能。《大清会典事例》列举朝服的应用场合，"坛、庙祭祀，驾出入，王公百官均朝服迎送，每年忌辰、清明、孟秋望、冬至祭祀、皇子祭陵、向来朝服将事，为皇子内有年幼未蒙赏赐朝服者，则穿蟒袍，此外执事各员仍均一体穿用朝服"[2]。

男女朝袍的圆领右衽大襟形制为大襟错匠作，即仅在大襟镶缘边连衽至摆，领口单绲窄边，由此在礼服中避免了错襟的发生。朝袍作为第一礼服，领襟形制稳定。从初创到清末，朝袍的结构形制几乎没有改变，大襟错的形制贯穿始终，保持领素满俗和襟缘汉制，或是民族融合的生动实证。

男朝袍形制为上衣下裳连属制，这显然是继承了先秦上衣下裳深衣连属制的传统，它源于华夏原始的天地崇拜，可谓华夏祖衣。《周易·系辞下》说，"黄帝、尧、舜垂衣裳而天下治，盖取诸乾、坤"。以服装形制寓意天地之象，印证了清统治者顺承华统的服装礼制，吸收源远流长的中原文化，亦是修身齐家治国平天下的政治手段。大襟形制最早源于《方言》，"禅衣有裹者，赵魏之间谓之衽衣"。西晋郭璞为其释读为"前施裹囊也"[3]。之后清朝的钱

---

1 [清] 官修：《大清会典事例》，清光绪朝石印本影印，中华书局，1991，第4页。
2 同上。
3 [清] 任大椿：《深衣释例》，中华书局，2001，第81页。

绎于《方言笺疏》中载，"有褎者，赵魏之间谓之衽衣；无褎者谓之裎衣，古谓之深衣"[1]。"前施褎囊"者，谓右外衿，即"襟"。故清代右衽大襟源于汉文化的"褎"，正所谓古礼服必有褎，惟褒衣（内衣）无褎，即外尊内卑，右衽为宗左衽为夷，因此满清施法右衽大襟也是对中华正统的明示。皇帝冬夏朝服大襟错形制相同，区别主要在缘饰的材质上，春夏用缎，秋冬用珍贵的皮毛。天地日月朝袍中唯黄袍（地朝袍）衣袖由袖身、熨褶素里接袖和马蹄袖三部分组成，其他朝袍只有相同颜色的接袖。下裳与上衣相接处有襞积，其右侧有方形的衽，腰间有腰帏。这种形制可以从明朝官袍曳撒中找到源迹，而这种明朝官员常服制又来源于蒙元的辫线袍，正可谓流传有序、宗脉夷融。而披须（又名披领、扇肩）、马蹄袖（又名箭袖）又是清代满人朝服的显著特色。朝服的颜色以黄色为上，冬朝服祭祀、圜丘、祈谷用蓝色，朝日用红色，夏朝服常雩（求雨）、祭祀时用蓝色，夕月时用月白色，即浅蓝色（图2-1）。

大襟错指在大襟上施缘饰，领部为素缘，说明不存在错襟，因此可以理解为顺襟的特殊形态，这也就可以理解它为什么只用在第一礼服的朝袍上了。以雍正月白云龙妆花纱袷朝袍为例，形制为圆领右衽大襟，马蹄袖，附披领，裾右开。其衣长144cm，袖通长196cm，袖口宽17cm，下摆宽149cm，右开裾长47cm，披领长93cm、宽32cm。以二至四色晕的装饰方法在月白纱地上彩绣柿蒂形云龙纹、海水江崖纹等。大襟镶缘从前中缝开始，镶缘从外至内为石青色四合如意花卉织金缎和三色平金边，大襟比里襟有明显下落呈方形台阶并由相同缘边规范成制。领口绲窄边自成一体，这与朝袍必外加披领有关。披领穿着后，袍服领口被完全遮盖，大襟与披领镶边构成新的顺承关系。领口前中通常不钉系扣，是为避免与披领前中系扣叠加而不平整。朝袍大襟用厂字形直线的优势在于，大襟缘边和披领缘边扣合后形成严谨整肃的效果。为了更好地稳定这种平衡关系，会在披领的会合点与领口前中之间加缝系扣。由此可见，朝袍大襟错形制的独特性与它特有的礼制有关，朝袍和披领分装是大错襟特有制式。合装却成为顺襟，因此在没有披领的吉服中，作为礼服就恢复了顺襟的

---

1 [清] 任大椿：《方言笺疏》，上海古籍出版社，1984，第24页。

地朝　　　　　　　　　　　　　　天朝

日朝　　　　　　　　　　　　　　月朝

图2-1　清代帝王天地日月四色朝袍[1]

制式（图2-2、图2-3）。

几千年男尊女卑儒家的宗族礼法在清代被完整地继承下来，服制就是明证。清代男子朝袍连属制式成为区别女子朝袍通身制式的标志，其中内涵与三纲五常强化皇权、夫权有关。皇后朝袍以嘉庆明黄纱绣彩云金龙纹女夹朝袍为例，形制为圆领右衽大襟，左右开裾，马蹄袖，附披领直身袍。袍服衣长135cm，袖通长194cm，袖口宽22cm，下摆宽120cm。明黄色地纱作面，湖色暗团龙纹地纱作里，纱面通身采用了套针、平金、齐针、滚针、钉针等技法，绣彩云金龙纹，间饰牡丹、菊花，下摆为八宝平水纹。前后胸背正龙各一，下摆前后行龙各二，左右护肩缘行龙各一，里襟行龙二，中接袖行龙各二，马蹄袖端正龙各一，披领正龙二。此朝袍绣工精美，纹样富丽，尽显皇后

1　来源：摘自《天朝衣冠》。

袍服大襟镶边和领口绲边的大襟错结构

图2-2 雍正月白云龙妆花纱袷朝袍与大襟错[1]

图2-3 披领与朝袍合装后形成镶边的整体走势[2]

母仪天下的华贵气宇和尊崇地位。朝袍大襟镶边同样始于前中缝，形制略有
变化，"Z"字形大襟镶缘收窄。这与增加左右护肩和外穿朝褂有关，朝褂无
袖，袖窿缘边挖切夸张，边饰隐蔽是为显露朝袍左右护肩缘饰，同时"Z"字
形大襟收窄便于被朝褂遮蔽。大襟与领口连接时有明显下落台阶用于定扣，
领口绲窄边自成一体，大襟与披领镶缘成为顺承关系，与男朝袍无异。不同
的是，皇后披领前中会合面要宽，再加上外穿朝褂，大襟错也被覆盖其中
（图2-4、图2-5）。

---

1 来源：摘自《天朝衣冠》。
2 同上。

袍服"Z"字大襟镶边　　　　领口绲窄边的"大襟错"形式

图2-4　嘉庆明黄纱绣彩云金龙纹皇后夹朝袍与大襟错结构[1]

朝褂　　　　　　　　　　　　　朝袍与朝褂组合

图2-5　皇后朝褂与朝袍的组合[2]

1　来源：摘自《天朝衣冠》。
2　同上。

清帝后朝袍形制稳定，但也有区别，穿搭配备有详细的典章记录，穿戴的时间、地点和场合均有严格界定，但形制结构、工艺匠作无任何所记。然而，即便御制帝后的朝袍穿着的频率很有限，但存世量大，保存完好，对照御容像的实物文献研究，形制谜题的破解也是有可能的，厂字形大襟错的研究正是如此。如果进一步对比顺襟的研究，或许会提供新证据（图2-6）。

图2-6　乾隆皇帝和孝贤纯皇后的朝服像[1]

1　来源：摘自《清代宫廷服饰》。

第二章　清代袍服的大襟规制与错襟　　29

二、吉服袍的顺襟

　　如果说大襟错是朝袍特有形制的话，顺襟就是吉服袍形制的标志，它们通属礼服，本应惯用顺襟，但由于作为第一礼服朝袍必配披领而形成大襟错与之配合。吉服是帝后节日时所服用的礼服，如元旦节，按例应穿吉服七天；上元灯节，穿吉服三天；万寿节俗称"花衣期"，穿吉服七天等。每年春耕开始前举行耕藉田仪式，皇帝也要穿吉服。清皇帝吉服由吉服冠、吉服袍（龙袍）、吉服褂（衮服）、端罩、吉服带、吉服珠等组成。皇后吉服由吉服冠或钿子、吉服袍、吉服褂、吉服珠等组成，级别低于朝服，亦称花衣。

　　吉服袍形制男女大体相同，即圆领右衽大襟，由于不配披领使领襟完全暴露，施匠顺襟以示尚尊。故领襟开始出现绣片，相较朝袍，缝制工艺难度加大。领和襟绣缘对接顺畅，图案规整，形成连贯的顺襟制式。女式吉服袍领襟也以顺襟为标志，但到清末在少数吉服袍中出现了明整暗错的形式。值得注意的是，它仅用在女服中，且等级上也是吉服袍中偏低的。

　　皇帝吉服袍即人们通常所说的龙袍，可见它以龙纹为主。"皇帝龙袍，色用明黄。领、袖俱石青，片金缘。绣文金龙九。列十二章，间以五色云。领前后正龙各一，左、右及交襟处行龙各一，袖端正龙各一。下幅八宝立水，裾四开。"[1]龙袍形制与朝袍的上衣下裳制不同，为上下通身制，圆领右衽大襟，马蹄袖。色明黄，绣九团金龙，列十二章，配五色云纹和海水江崖纹为皇帝专用。为区分君臣等级，皇帝吉服袍称为龙袍，皇子及以下文武百官均称蟒袍。以颜色分等级，黄色为皇室专用，皇帝龙袍用明黄，皇子服金黄，皇孙除金黄色外其余皆可用，皇曾孙及以下服蓝酱色，王公百官服蓝色或石青色随所用。开裾亦分等级，宗室蟒袍以上皆四开裾，王公百官为两开裾。据《大清会典事例》载，"皇室宗亲裾皆四开，余前后开"[2]。吉服袍有夹、纱、棉、裘四种材质，分别对应春夏秋冬四个季节。根据形制决定等级尊卑的服制传统，确立了清代朝服和吉服的礼服系统：朝袍为上衣下裳连属制，吉服为通身制；朝袍必服披领，吉服袍为无披领礼服；朝袍为朝会祭祀服用，吉服袍用于节日庆

1 [清] 官修：《大清会典事例》，清光绪朝石印本影印，中华书局，1991。
2 同上。

典，可谓形制和功能各司其职。标志性形制就是朝袍大襟错，吉服袍顺襟。

以乾隆明黄缎绣彩云蝠寿字金龙纹夹袍为例。此为清高宗皇帝吉服袍之一，制式为圆领右衽大襟，马蹄袖，左右前后开裾，九龙十二章纹，内衬浅湖色暗花绫里，缀铜鎏金錾花扣四枚。其衣长143cm，袖长190cm，袖口17cm，下摆126cm，胸宽64.5cm。样本系黄签记："绣黄缎绵金龙袍，高宗皇帝御用"。此袍在明黄色缎地上，绣作彩云蝠寿金龙纹、海水江崖纹、日、月、星辰、山、龙、华虫等十二章纹，绣工细腻端整，构图气势宏健，配色辉煌富丽，确有乾隆盛世的气象。

作为清朝吉服袍，顺襟形制也是具有代表性的。领襟绣片为石青地前后正龙，左右行龙海水江崖纹，前中的正龙纹由领缘绣片[1]、襟缘绣片[2]对接拼合而成，细看龙颜、龙珠，以及海水纹对仗工整，宛若一体。领口内圈镶石青花卉织金绲边，紧挨排列片金缘，领口缘饰布局金碧辉煌，象征天子富有四海、气动八方的卓绝风范。领和襟缘饰完美对接，为了做到浑然天成，包括对绣工和纹样的经营位置都有严格要求。绣工采用分绣后再合二为一的先绣后缝工艺，绣作镶边盘绕实属不易，领缘与襟缘在前中对接会考虑扣位钉缝的占量，出现错位情况，但又要保证领缘和襟缘在中间对仗，如此考究的顺襟匠作才能与尊贵盛世华章的龙袍相匹配。顺襟亦成吉服袍乾隆定制的标志之一，被后世各朝尊崇直至晚清（图2-7）。

---

1 领缘绣片，即贴于领口的整圆绣片。
2 襟缘绣片，即贴于大襟处的弧形绣片。

图2-7 乾隆明黄缎绣彩云蝠寿字金龙纹吉服袍的顺襟形制[1]

错襟的机理是领和襟都有宽大的缘边且有丰富的图案，在结构上又必须在前中缝位置拼接，还要考虑领口的钉扣位置，解决的最好办法就是"将错就错"。然而作为礼服"颈中"（中医称命门）又是崇礼的敏感部位，顺襟是必须要考虑的礼服要素。因此纹饰宽缘的顺襟在技术上是很难的，这就出现了保持顺襟微处理的方法。吉服袍的顺襟在保证前中主题纹案对仗的情况下，也会出现襟缘绣片宽于领缘绣片的情况。观察局部，在拼接的底端海水江崖纹宽度不一是自然形成的，这或许与格物致知的潜意识有关。御制绣作都在江南三织造制作完成，运回京城后由内务府的针线坊工匠制作成衣。由于领和襟缘饰为分绣后再拼合，难免有尺寸出入，但缝制工匠不可能将绣好的精美图案剪除，故而在误差许可范围内默许了这种形式的出现，因此理论上得到顺襟是不存在的（图2-8）。

除了皇帝的明黄龙袍，其他的吉服袍又称彩服、花衣，所谓彩服或花衣，是指它会根据不同时令、节日所表达吉祥寓意的不同而变换衣服的纹样和色彩。有时，帝后也会按照自己的兴趣和爱好，定制喜欢的吉服袍颜色，通常以十二个月对应香色、酱色、红色、米黄、藕荷、蓝色、绿色、雪青等十二个颜色。纹样也会按照吉服的祭祀主题选用寿字、汉瓦、团花、喜相逢、五谷丰登、暗八仙等纹样，大婚吉服用龙凤呈祥纹样自成惯例。

男女吉服袍形制大体相同，区别男女吉服袍的方式是看袖子是否有中接袖，有中接袖者为女吉服袍，无中接袖者则为男吉服袍。女吉服袍的顺襟，从形式到工艺与男式没有什么不同，也会出现襟缘绣片略宽于领缘绣片的情况，只是在纹饰上更加丰富，绣工更加灵活。

32　　满族服饰研究：满族服饰错襟与礼制

龙纹顺襟

错位现象

宝相花纹顺襟

错位现象

图2-8 吉服袍顺襟中出现襟缘绣片和领缘绣片的错位是被默许的[1]

　　以乾隆杏黄缎绣八团云龙纹女吉服袍为例，此为乾隆贵妃吉服袍，形制为圆领右衽大襟，马蹄袖，左右两开裾。其衣长147cm，通袖长185cm，袖口宽21cm，下摆宽124cm，左右开裾87cm。面料杏黄缠枝花卉纱，月白色团龙暗花纱里。缀铜鎏金錾花扣四粒。主体纹饰采取二至三色间晕与退晕相结合的装饰方法，在杏黄缠枝花卉纱地上，绣八团彩云金龙和海水江崖纹，绣工及构图细腻精巧。团龙纹的绣作工艺特殊，绣作者将预先完成的缎绣八团纹样内无绣工的石青空地剔除，形成雕镂状的剪纸效果，最后依纹样预设位置钉缀在袍身上，纹样有明显的浮雕立体效果。这种挖缀的装饰手法只在高等级服饰中出现，且多出现在清盛期，到晚清并不多见。

　　这件吉服袍配色明快，领缘绣片与襟缘绣片对接顺畅，图案工整，两道镶边也承接流畅，并没有明显的错位现象，做工精美，品质上乘，是清朝盛世女式吉服袍完美顺襟的代表（图2-9）。

---

1 来源：故宫博物院藏。

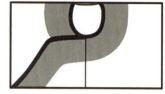

图2-9　乾隆杏黄缎绣八团云龙纹女吉服袍的顺襟形制[1]

　　北京服装学院民族服饰博物馆馆藏满族红绸五金绣八团花蝶吉服袍，从形制、纹样到工艺都表现出晚清特征，其中最明显的是在顺襟中出现了明整暗错的现象。起初限于实物数量的研究，认为只有个案的吉服袍出现明整暗错形式，随着实物文献的增多和深入研究，发现明整暗错在晚清满女吉服袍中很普遍。《清代宫廷服饰》中同样收录了明整暗错的晚清吉服袍，可见明整暗错的女式吉服袍是不可忽视的一类，特别是对于这个时期的满族服饰。以北京服装学院民族服饰博物馆馆藏的晚清满族红绸五金绣八团花蝶吉服袍为例，主体纹样为五金绣孔雀开屏折枝牡丹团纹，领口用石青地织金窄条绳边，中间镶石青牡丹花卉绣片，领缘绣片外口镶石青色花卉织金边。领和襟整体缘饰对接顺畅，但大襟缘饰与领缘饰的镶边和绣片排布倒置而形成明整暗错，显然是为了解决拼接出现的错位，采用镶边贴服或加固领缘绣片并与襟缘边顺接，通过实验证明镶边有明显后贴加缝的痕迹（图2-10）。

图2-10　晚清红绸五金绣八团花蝶吉服袍[2]

1　来源：故宫博物院藏。
2　来源：北京服装学院民族服饰博物馆藏。

男女吉服袍形制稳定，根据季节变化，其外可以罩吉服褂，其顺襟被吉服褂覆盖，采用胸背两肩纹章的补服明示，由此构成了清代的官服系统。女式吉服袍在后期发展中，出现明整暗错形式，但依然没有跳出礼服系统，其穿搭配备有详细的典章记录，穿戴的时间、地点和场合均有严格界定。由于它在形制上的突破，对清朝中后期便服形制的变化产生了深远的影响，特别是氅衣和衬衣（图2-11）。

吉服袍和吉服褂组合

乾隆单穿的吉服袍

皇后单穿的吉服袍

图2-11 皇族吉服画像[1]

1 来源：故宫博物院藏。

三、常袍和行袍的素襟

　　在清代服制中，女服不入典，便服不列章，从实物文献的考察来看也证明了这一点。在非礼服系统中有常服、行服和便服，常服和行服是以男人集团为主导，便服是以女人世俗为风尚，这就决定了常服和行服的礼制等级要高于便服，这中间明显地表现出游牧文化和中原农耕文化的融合，因此素襟就成为常服和行服的标志，错襟就成为女人用便服表达个性的手段。可以说错襟是晚清民主自由萌芽的表现，而常服的素襟仍沉浸在严重的封建桎梏之中，因为它虽然不是礼服，但仍然要遵循礼制。

　　清代帝后和文武百官的常服包括常服冠、常服袍（常袍）和常服褂（常褂），是除礼服之外，唯一可以佩戴朝珠的便服。清代服饰典制规定，"大祀斋戒如遇素服日期，皇帝御常服，挂朝珠"。在清代衣冠制度繁复有序的服饰分类中，常服的属性显得与众不同，它们既蕴含便服的性质，又具有吉服的作用，且多用于严肃庄重的场合。在皇帝举行的经筵大典、丧期祭日、先皇帝后的忌辰、吉庆节日等，帝后百官都要穿常服，以示肃穆虔诚。这也决定了常服素地暗花的主调，素缘形式成为它的标志。

　　常服是清代帝后一生中穿用较多的一类服饰，因为在清代社交中除了公务，祭祀斋戒活动也占据了许多时间。清代皇帝每年要进行繁杂的拈香、祷告以及频繁的斋戒活动，来成就自己不忘祖先恩德的使命。

　　常袍成为常服的主体，素制成为主要特征，无缘边装饰，面料用素色暗花，形制保持吉服袍的圆领右衽大襟和马蹄袖。由于穿着时间和场合的特殊性，风格低调庄严，又区别于朝服和吉服的礼制。

　　以同治皇后夏季明黄江绸常袍为例，形制为圆领右衽大襟，左右开裾，马蹄袖制。衣长137.5cm，通袖长220cm，袖口宽27cm，下摆宽116cm，左右裾长72cm。缀铜镀金錾花扣五枚，领口镶青素缎绲。面料为团寿纹暗花江绸，织造平细光滑。在清代，明黄色是皇帝、皇太后、皇后的御用服饰颜色。素襟工艺，领口绲石青色窄边，与加装盘扣搭配，用石青绸裁成斜丝绲条滚镶领口，说明清代大襟形制服饰很早就已区分领口和大襟的作净[1]处理方式。显

---

1 作净：对面料所剪开的毛边进行包裹或折叠的加固处理。

然在常袍中形成了素襟特有的工艺：面料大襟弧线与里料大襟弧线毛边采用扣净缝合方法；领圈只作净（不加作缝），用窄条绳作包边，领口与大襟空出台阶为钉扣位（图2-12）。

同治皇后夏季明黄江绸常袍

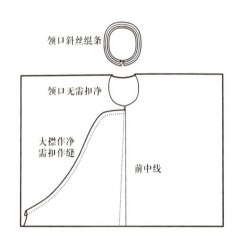

常袍素襟工艺

图2-12 常袍及其素襟工艺[1]

将同治皇后明黄江绸常袍实物对比孝庄文皇后常袍画像，形制相同，保持素襟，不同的是在马蹄袖口有与领口相同的绳边，露出石青色下摆中衣，这或许是乾隆定制前常袍制式。但其整体含蓄内敛、庄严肃穆的风格并没有改变，单纯的素襟结构形制，更好地诠释了清代大襟制度理念稳定的传统和正统匠作规范。它或许是满族服饰文化的本真，这才有了乾隆定制"润色章身，即取其文，亦何必仅沿其式"[2]的盛世服章（图2-13）。

行袍形制与常袍相同，素制也是它的基本特征，保持素襟可以说是满族游牧文化尊承祖俗的体现。狩猎曾是满族先民赖以生存的基本生活方式，为适应骑射的需要，满足出行方便的功用而自成一体，行服也被列为典章服制。马上行服并非清朝才有，初载于隋。隋文帝征辽，诏武官服缺胯袄子。所传递的

1 来源：故宫博物院藏。
2 [清] 赵尔巽等：《清史稿》，中华书局，1998，第109页。

图2-13 孝庄文皇后常袍画像[1]

形制信息，缺胯可以理解为四开裾，到清代行袍增加了缺襟（摆）；袄子说明比袍要短，更便于骑乘。唐侍中马周请于汗衫加服小缺襟袄子，诏从之。王建《宫词》曰："衩衣骑马绕宫廊"，衩即裾。随着生产生活方式的变化，适应新环境的服装式样成为主流，行服退居为围猎与马上驰骋征战，以及外出谒陵、巡幸所用。清代行服尊承祖俗使其提升为礼服的地位而成行服冠制，包括行服冠、行服带、行服袍、行服褂等。其功用元素也就有了礼制的意义，即没有繁缛的纹饰就是行服最高的礼序。在形制上，右摆缺襟是其显著特点，以便骑马跨越；素纹素襟具有警示作用，在狩猎或征战中不会产生任何干扰。因此清朝服制在满族骑射尚武的记忆中，行服享有得胜袍、得胜褂的美誉，被载入清代史册。

行袍只作为男服列入大清典章，目前尚未发现记载女装行袍的文献和实物。或因清朝满族入关以后，女性不再需要骑马狩猎，游牧的功能元素变得越来越具有象征意义。因此，马蹄袖一定是标志礼服的元素，而行袍这两种作用都存在，但仍象征意义大于实际意义。行袍与常袍都采用素制是对游牧文化的继承，只是多了马背上服用的功能，骑马时缺襟可以方便地扣在腰部，不骑马时又能把缺襟与里襟相扣以保持外观完整。常袍和行袍实际上就是马上和马下的区别。

---

1 来源：故宫博物院藏。

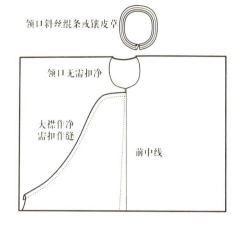

领口斜丝绲条或镶皮草

领口无需扣净

大襟作净
需扣作缝

前中线

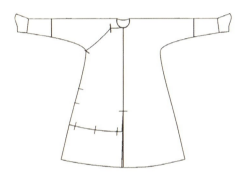

图2-14 行袍及其素襟工艺[1]

康熙油绿色云龙暗花绵缎行袍，立领右衽大襟，马蹄袖，前后开裾，右襟下摆短一尺故为缺襟。衣长139cm，通袖长196cm，袖口宽15cm，下摆宽136cm，前后裾54cm。领为紫貂，袖口银鼠皮毛出锋。月白色暗花绸衬里。袍面油绿色绵缎，通身织四合如意云龙暗纹，一个单元花纹73cm，呈四方连续排列，表现出清代早期纹样清承明制的特点。从实物附黄签墨书"圣祖油绿缎绵巡幸袍一件""得胜袍""圣"和"留用"等信息判断，康熙帝生前不止一次服用。该行袍素襟与常袍无异，工艺相同，只是增加了紫貂皮草领的单独制作，通常采用可拆装工艺（图2-14）。

女式行袍虽无文字记载和存世实物，但在《威弧获鹿图》绘画中，出现了女式骑射服的组合。其中行袍为黄底粉花满纹，前后开裾，马蹄袖，外套立领坎肩，佩戴行服帽。搭配坎肩的规制是满族贵妇所特有的装束，在朝服的组配方式上，皇后在朝袍之外也要套上无袖朝裙，其形制就是加长版的坎肩，满人称此式为直身。

---

1 来源：故宫博物院藏。

女行袍（局部）

乾隆行袍（局部）

图2-15 《威弧获鹿图》中的男女行袍[1]

　　《威弧获鹿图》为设色纸本，横195.5cm，纵37.4cm。画中描绘的是乾隆皇帝射猎的情景，乾隆皇帝弘历在山野之中策马弯弓射箭正中鹿身，鹿血外溢，弘历身旁一女子骑马相随，右手执缰，左手正将一支羽箭递上。对比康熙行袍实物画中制式，与存世实物高度还原，女行袍的真实还原性也大大提高。这说明女行袍组配方式更加灵活，但基本形制会借用男装，素襟制式不变（图2-15）。

1　来源：故宫博物院藏。

四、便袍的素襟与衬衣、氅衣的错襟

如果说礼服中朝袍的大襟错、吉服袍的顺襟是服饰礼制的符号，那么便服中衬衣、氅衣的错襟就是表达个性的代表作。这就决定了前者形制相对稳定，而后者根据个人的意愿表现出丰富的样式。但"错"的结构不会改变，因为"错"才使工艺变得简单，而又满足了"变"的追求。"将错就错"给了封建气氛笼罩下的满族妇女一个最恰当的放任休闲和彰显智德的出口。错襟说是晚清民主自由的萌芽正在于此。

清代便服的燕居之服系统在同治朝才形成，到晚清光绪朝达到顶峰，包括便袍、衬衣、氅衣、马褂、坎肩、直身、袄、衫、裤、套裤等。其装饰手法与风格，体现出不同时期的发展变化，总体上走了一条由汉式的简约质朴到满式的奢华贵气的路线。缤纷琳琅的后妃和满族贵妇便服，是晚清服饰"不是礼服胜似礼服"的华丽且生动的部分。便服的身份不见于《大清会典》《皇朝礼器图式》等典制记载，但见于清非主流的《起居注》《穿戴档》等文献中。由于不受清代衣冠制度的约束，相较于礼服、吉服、常服、行服，便服花色多样、纹样繁复、用料丰富，工艺和设计也富于变化。便服标志性的衬衣和氅衣由于保持圆领右衽大襟形制，错襟成为它们的典型特征，因此男便袍走了一条完全不同的多姿多彩的道路。

1. 男便袍与素襟形制

清初，满族政权就视服饰制度为国家的政治制度。事实上在入关前，太宗文皇帝就有所准备，已经着手厘定服制典章并规范施行，对有悖于典制的行为整肃严厉。早在崇德元年（1636年），皇太极在盛京称帝大清建国开始就曾训诫："先时儒臣巴克什达海、库尔缠屡劝朕改满洲衣冠，朕不从，辄以为朕不纳谏，朕试设为比喻，如我等于此聚集，宽衣大袖，左佩矢，右挟弓，忽遇硕翁科罗巴图鲁劳萨，挺身突入，我等能御之乎，若废骑射，宽衣大袖，待他人割肉而后食，与尚左手之人，何以异耶。"[1]正是左佩矢右挟弓善骑射的满洲衣冠，才征服了中原的宽衣大袖，获取政权，让我们换上汉人的宽衣大袖，岂不"待他人割肉而后食，与尚左手之人，何以异耶"。胜利中却保持清醒

---

1 [清] 官修：《清实录》，中华书局，2008，第39页。

且深刻的思想在清帝王中是贯穿始终的，礼便之服的窄衣窄袖最终没有淡出清制正统。便服形制与常服差异很小，窄衣窄袖就是这种思想在清早期物化的反映，区别只在便袍没有马蹄袖，这或许借鉴了汉人的燕居之服教化。

清早期男便袍存世实物相较女装数量稀少，可能与其素颜少饰无收藏价值有关，但在清帝王画像中，便袍形制清晰可见。《青年胤禛读书像》中爱新觉罗·胤禛，也就是后来的雍正皇帝身着酱色素地大襟袍服，无镶无绣配衣领，腰系素带，坠白巾，着石青色白底长靴。读书无疑是便袍闲居之时的记录，仔细观察，袖端非马蹄袖制。在满俗中，有无马蹄袖，或是常服或是便服不定，但无马蹄袖的必定为便服，最终确立为清代典章制度（图2-16）。

配月青衣领

窄袖平口

图2-16 《青年胤禛读书像》[1]

《同治帝游艺怡情图》中的同治画像和《清德宗景皇帝（光绪）读书像》中的光绪画像反映了清中后期的男装便袍形制。《同治帝游艺怡情图》描绘的是年轻同治皇帝身着便服，伏案书写的情景。据考证画中的同治皇帝大约14岁，尚可见天真可爱的神情。画面除人物外，所绘陈设是以修身习艺的书房为

---

[1] 来源：故宫博物院藏。

特点，鹿角椅、描金黑漆桌案、笔墨纸砚等完全与朝服像强调帝王的尊贵权利不同。画像中同治皇帝身穿蓝地暗团纹便袍，外罩立领绛地暗纹大襟坎肩，大襟扣坠珠串压襟，头戴红穗如意帽，着石青色白底长靴，这便是当时标准的便服组配。《清德宗景皇帝（光绪）读书像》描绘的是青年时期的光绪皇帝身着便服，伏案书写的情景，与同治画像相比修身习艺的主题并未改变，但图中描绘的陈设更加丰富，情境细致入微，包括后背的屏风和四周装点的器物描绘非常写实，技法精湛，有很强的图像史料价值。较同治时期的便服风格，从颜色、形制到组配，式脉清晰，流传有序，只是光绪皇帝搭配的坎肩更显华丽，其他几乎没有改变。便袍蓝地寿字暗纹，外罩立领绛地明黄寿字团纹大襟坎肩，大襟扣坠串式东珠压襟，头戴红穗如意帽，着石青色白底长靴。虽便袍大襟形制被坎肩遮蔽，对照相关传世实物和之前胤禛修身读书画像，同治和光绪画像的便袍素襟圆领右衽大襟并无二致（图2-17、图2-18）。

图2-17　《同治帝游艺怡情图》局部[1]

图2-18　《清德宗景皇帝(光绪)读书像》局部[2]

1　来源：故宫博物院藏。

2　同上。

2. 氅衣和衬衣的错襟

清早期女便袍紧窄收身，形制相同，少有宽缘装饰，故没有出现错襟样式。清中叶以后，随着国家积累大量财富，有了丰厚的物质基础，宫廷生活由俭及奢，特别是满人贵族妇女便服从男人的便袍衍生出氅衣和衬衣的便服系列，丰富的绣作和缘边出现，为错襟提供了产生的条件。满族贵妇不仅追求安逸舒适，宫廷生活奢华的风气也迅速形成。此时，满人传统窄袖束身素颜无华的袍服变成了休闲社交和彰显个性的障碍。同时，常年生活在关内相对温暖的气候不再需要常年保暖的服饰，因此，借鉴中原汉族服饰的特点，宽襟博袖充盈绣作缘饰的服饰风格应运而生，便服又无制度约束正当出位。道光咸丰以后随着朝廷对各种礼制的限禁放宽，宫廷服饰在同治朝形成的氅衣、衬衣等便服系统成为纯粹的燕居休闲服装，便服中的其他类形，如马褂、坎肩等也融入了中原民族的服饰元素，如固定式立领、吉祥纹样，以及华美的绦带镶边工艺。慈禧执政时期，宽袖袍服在满人中流行，慈禧尤其从不避忌，甚至视为满族传统。有的吉服也将已织绣好满地纹的面料重新加宽袖肥，再行缝制，明显露出无花纹的素色底料。马蹄袖更多的成为装饰，不再遵循祖制强调族属的规范，马蹄袖保暖护手的功用名存实亡（见图2-10）。作为礼服的吉服袍尚且如此，日常穿用的便服可想而知，因此，装饰华美繁复的便服逐渐在宫廷和满族贵妇中大行其道，在光绪朝达到巅峰的"十八镶绲"就是这个时代的产物。清末民初的便袍就是从晚清的氅衣发展而来。值得注意的是，伴随着西学东渐的浪潮，人们开始对于人体重新认知，新的审美开始形成，胸围、腰围、臀围和袍摆宽度大比例收缩，似乎又回到了氅衣的初始状态。事实上动机有本质上的不同，民国窄摆束身的便袍试图将优美的人体线条展示出来，干扰它的绣作纹样和缘饰也不复存在，时代又赋予了它全新的名字——旗袍，这也就意味着旗袍成为错襟的终结者。

氅衣和衬衣形成前的便袍与吉服、常服形制几乎相同，箭袖袖口是马蹄袖或是平袖。在此期间错襟现象主要表现在吉服袍中，后被氅衣和衬衣借鉴并发扬光大。因此氅衣早期的错襟与吉服类似，领襟采用宽边绣片和镶边装饰，出现了大襟错的另一种形式，领襟绣片前中纹案对仗工整，但大襟上口镶边，领口单绲窄条，用片金边勾勒出镶边和单绲的走势。女便袍存在顺襟也是从礼服袍借鉴过来的，在清中期出现了明整暗错的另一种形式，即领襟绣片前中纹案对仗，或近似对仗，大襟上口镶边，领口单绲窄条，领襟绣片内边再延织带，织带留缝，或紧贴延边，按内延错落形式，走"Z"字形折拐缀缝。晚清出现的两种形式的完全错襟就是在此基础上发展的。第一种完全错襟，领缘绣片内延镶边，延至前中，镶边拐角向上通至领口，再延大襟上口镶边至侧腋，此时同色镶边连成折拐对接，形似"Z"字，称之为"Z"字镶边，领缘镶边的外延，再延织带，按错落形式，保持"Z"形折拐。第二种完全错襟，外形对接工整，但实际内缘走势保持"Z"字镶边不变，襟缘绣片内口与领缘镶边对齐接顺，整个领襟内口再延织带顺畅缝缀。

　　对便袍、氅衣、衬衣样本的研究可以清晰地勾勒出错襟的发展脉络。便袍采用素襟，说明它是氅衣产生前的状态。以粉色风景纹暗花绫绵袍为例，形制为圆领右衽大襟，平袖，无扣，无开裾。衣长93cm，通袖长70cm，袖口宽8cm，下摆宽64cm。粉色绫为面，其上显现暗花风景纹，领口镶石青素缎绲边，内衬湖色石榴蝴蝶团花绸里，表里之间施丝绵。此绵袍柔软轻薄，质料亮泽，提花清晰，体现了清早期的丝织工艺水平。除马蹄袖之外，其形制与常服无异，男女也并无差别，由此可见便袍在清早期为便服通制，若有差别，也只是在便袍中施以女红的花绣（图2-19）。

　　花式便袍流行于清中期，因为不强调缘饰也就不可能出现错襟。以乾隆月白缎织彩百花飞蝶纹衬衣为例，此袍是乾隆时期后妃的便服，用于燕居闲暇。制式为圆领右衽大襟，平袖无开裾。衣长140cm，通袖长172cm，袖口宽17cm，下摆宽124cm。月白妆花缎面，明黄缠枝纹暗花绫里，使用十余种色线刺绣折枝花卉和虫蝶纹样。纹样丰富多彩，表现自然界百花盛开、百蝶翻飞之景，栩栩如生，充溢着春天生机盎然的气息。乾隆年间衬衣开始出现纹样装饰，虽然纹样骨式并不明显，但吉祥寓意的表现显然受汉文化影响（图2-20）。

图2-19　清早期粉色风景纹暗花绫绵袍[1]

图2-20　乾隆月白缎织彩百花飞蝶纹衬衣[2]

---

1 来源：故宫博物院藏。
2 同上。

在乾隆朝，存世实物的便服出现了一例明整暗错的形式，也可以说是从吉服袍到氅衣过渡的案例，很有研究价值。形制为圆领右衽大襟，马蹄袖，袖中镶酱色地云龙海水纹妆花缎饰边，同时马蹄袖和领襟缘边用相同纹样装饰，显然这是女吉服袍的特征，但又用在便袍中。其衣长153cm，两袖通长192cm。面料为妆花缎，衬月白云纹暗花绫里，中间充绒。妆花缎织造方法设色自由，在同样的花纹上可以织出不同的色彩，此种技术于宋代已出现，盛于明清并沿用至今。妆花缎纹饰设计巧妙，构图疏朗有致，密而不繁。此袍为嫔妃冬季便服，或是低等级的吉服袍、高等级的常服袍尚需考证。

便袍形制与吉服袍无异，甚至还保留中袖饰边，绵袍大身是妆花缎的花蝶纹案，整体风格活泼轻快。不解的是，领襟绣片是龙纹，这一点与吉服相同，也是吉服袍亦称龙袍的原因。领襟缘饰前中正龙对接完整，但又有朝袍大襟错的特征，或是大襟错的另一种形式。其形制为大襟镶酱色花卉织金边，领口单绲酱色花卉织金边，自然宽窄不一，片金边延领口绲条环绕一圈后，在前中顺势折拐下落，形成错位的片金边"Z"字形走势，是很有辨识度的设计。此便袍从一个侧面证实了，利用襟式从礼服强调规整到便服追求变化的演变过程。工艺上表现为从礼服的隐形匠作到便服的显性绣作的转变。便袍领口窄边单绲先出现，形成领口圆形绲边，通过归拔工艺，越窄自然越易于工艺成型。而后大襟弧线镶边用同样的工艺，镶边越宽自然就越牢固，穿脱或悬挂不易磨损。但工艺越复杂，由于加固部位和宽度的不同，工艺难度也不同。将领口与大襟的宽缘分而治之，产生错襟正是降低工艺难度的考虑，但匠作极具智慧的装饰性完全掩盖了它功用动机的初衷，这就是学界普遍认为错襟是晚清特有时代风尚背后的玄机所在（图2-21）。

清晚期便服逐渐发展为娇饰彰奢的装饰风尚，以氅衣为代表的错襟样式进入了风格化的程式，以道光和光绪朝为甚，存世的实物也最多，也标志着满族便服一个完全错襟时代的到来。道光大红羽缎氅衣是标志案例之一，也是最早的氅衣存世实物之一。其形制为圆领右衽大襟，宽平袖端，左右开裾至腋下，

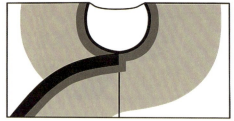

图2-21 乾隆香色地百蝶花卉纹妆花缎便袍和错襟细节[1]

无里，袖口饰可拆换换袖。其衣长138cm，通袖长174cm，袖口宽29.5cm，下摆宽116cm。氅衣大红羽缎面料，据史料是西方国家使者进献给清廷的贡品，这也是清代服装中最早出现西方面料的代表之一。领襟袖口均有三道边饰，从外到内分别是元青素绸窄边、元青地绸绣朵兰绣片和湖色牙边绦。领襟为典型的错襟形制，即领和襟绣片在前中纹样错位对仗，大襟外口镶边，领口单绲窄条，绣片外延织带，按领襟外延错落形式，走"Z"字形折拐。这被视为错襟的标志格式，后续丰富的发展也都是以此派生的（图2-22）。

以光绪明黄绸绣葡萄纹氅衣为例，此为晚清皇后、皇太后春秋两季穿着的氅衣。形制圆领右衽大襟，换袖和错襟组合可谓是晚清氅衣形制的标配。衣长137cm，通袖长123cm，袖口宽28cm，下摆宽116cm。领口缀铜镀金錾花扣一枚，大襟缀铜镀金錾双喜字币式扣四枚。明黄素绸面料，内衬蓝色素纺绸里。面料采用传统的戗针、套针、平针、缠针等手法，满绣折枝葡萄纹，寓意多子多福。绣作葡萄纹写实逼真，图案骨式满布且对称，尤显皇家御用的气象。镶饰繁复的领、襟、袖、摆缘从里到外分别是蓝色地织金梅兰菊绦、元青地绣葡萄纹绣片和宝蓝地万字曲水织金缎边，其中元青地绣葡萄纹的绣片与氅衣面料主纹样相呼应，显然是强调汉俗多子多福的吉祥主题。此件氅衣繁复的错襟形制，可以说是标准错襟的升级版，如果与标准错襟相比（见图2-22），为强化错襟制式，又在领襟内缘增加了花绦，且领、襟、袖、摆全域分布，这种形制在清后期出现的频率最高，几乎成了氅衣的标志性符号（图2-23）。

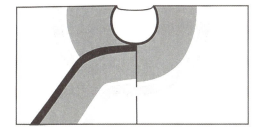

图2-22 道光大红羽缎氅衣和错襟细节[1]

图2-23 光绪明黄绸绣葡萄纹氅衣和错襟细节[2]

　　另一种升级版错襟是在明整暗错的基础上发展而来，标志性案例是光绪明黄缎绣葡萄蝴蝶纹衬衣。其形制圆领右衽大襟，平阔双层挽袖，无开裾。衣长140cm，通袖长122cm，下摆宽131cm。衣缘饰镶边、绣片和绦边三重。缀铜鎏金錾花扣一枚、铜鎏金币式扣五枚。面料明黄缎，内衬月白素纺绸里。在明黄缎地上采取二至四色晕的装饰方法，运用平针、缠针、套针、戗针、钉线

1 来源：故宫博物院藏。
2 同上。

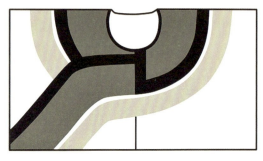

图2-24　光绪明黄缎绣葡萄蝴蝶纹衬衣和错襟细节[1]

等多种刺绣针法绣制折枝葡萄彩蝶纹样，骨式满布且对称。错襟表现为明整暗错，并在领襟和袖、摆内缘增加一或两道花绦，也将错襟装饰推升到极致高光，可以说是晚清娇饰彰奢的生动实证（图2-24）。

　　在同治朝为时间节点的清中晚期，以氅衣和衬衣为特色的便服中错襟形制占了绝对的主导地位。顺襟形制主要运用在包括朝服、吉服等礼服中。其原因是，顺襟的工艺复杂，纹案要求对仗工整，在级别较低的便服中自然很少运用。相反地，便服表面看似复杂的错襟，其实工艺相对简单，又能彰显女德技艺。因此，以对襟为主的马褂、坎肩、直身等便服，在女装中也呈现以大襟为主导的形制，并形成了大襟为主、对襟为辅的局面，这意味着错襟表现可以无限的放大。值得一提的是，在有肩斜断缝的坎肩和直身[2]中错襟被广泛应用，说明错襟在晚清满族便服中已成为固定的匠作程式（图2-25、图2-26）。

1　来源：故宫博物院藏。
2　直身：区别于坎肩，长款无袖形制。

图2-25　光绪紫纱绣百蝶纹袷马褂与错襟[1]

同治石青缎绣牡丹蝶纹坎肩

光绪藏青缎彩绣花蝶纹直身

图2-26　有肩斜断缝坎肩和直身的错襟[2]

1　来源：故宫博物院藏。
2　同上。

清末民初，以氅衣和衬衣为标志的便服首当其冲地受到西风东渐思想的冲击，所有围度都急剧收缩，形制也从圆领右衽大襟变成了立领右衽大襟。鼎盛时期错襟的样貌没有维持多久便迅速消失。袍服立领形制的确立，使得传统圆领加固防磨的绳边移至立领上口，记录着由氅衣发展演变成旗袍的重要信息，更是装饰奢华错襟的终结者。它既是中华传统格物致知精神的回归，亦是晚清女性民主自由思想萌芽的鲜活体现（图2-27、图2-28）。

图2-27　着立领错襟氅衣的婉容[1]　　　　　　图2-28　着旗袍的婉容[2]

1　来源：故宫博物院藏。
2　同上。

五、满汉错襟的同形同构

便服结构形制的满族错襟可以说是出自汉盛于满，最终形成汉制满俗的时代风尚，自然它们有许多共通之处。重要的是，清宫旧物中服饰断代清晰，错襟的丰富性和结构形制的特殊性为揭示这个时代风尚提供了重要实证。

研究表明满族服饰有三类错襟，且并非仅用于便服中。

第一类为大襟错。它在清朝历代的男女朝服中均有出现，原因是朝服必配有披领，披领将领口区域覆盖，仅露部分大襟缘边，因此大襟缘边只作到前中，并用厂字形，这样与披领组合时，各自缘边连成一体以示尊贵威权。另外一个原因就是增加大襟的耐磨性，而领口素缘作净只用窄条绲边，通过披领加以保护且不臃肿（见图2-3、图2-6）。这种功用经验的大襟错，在清代汉族大襟服饰中同样出现，但以素缘为主。这也为错襟过渡到装饰工艺的发展打下了基础。它极度的装饰性或许就是学界将错襟视为装饰风格而非实用功能的原因所在。

第二类是明整暗错。它只在女吉服袍和早期的便袍（或常袍）中出现。其级别低于朝服，因无披领，使领口和大襟完全显露，领缘和襟缘的完整设计就是必须要考虑的，但基于礼制又要尽量使错襟隐蔽，领襟缘饰就有了明整暗错。但它毕竟比顺襟级别要低，故这种形制在吉服袍中礼仪低于顺襟，且女用男不用（见图2-9、图2-10）。

第三类是完全错襟。它主要出现在清代中晚期女便服中，其数量繁多，内容丰富，装饰华丽都达到了前所未有的高度。重要的是，完全错襟几乎是氅衣的标配。氅衣完全继承了汉人燕居之服的传统。由于慈禧以此为标志广泛用于后宫闲怡贺庆和外交，开启了便服礼用的先河，在颐和园会见外国公使夫人时，氅衣成了她的首选。

氅衣装饰精美，变化丰富又不受礼制限制的创意，错襟便是它的焦点之眼（现代设计称为设计眼），这确是满人他山攻错的智慧所在。错襟由实用动机产生，走向装饰化并登堂入室。而汉人错襟从创制到终结秉持始终的节制和内敛，其原因背后或充满礼制教化的桎梏。尽管如此，满汉服饰错襟的同形同构，又各思寓智，却是中华一体多元文化特征深刻而生动的体现（图2-29）。

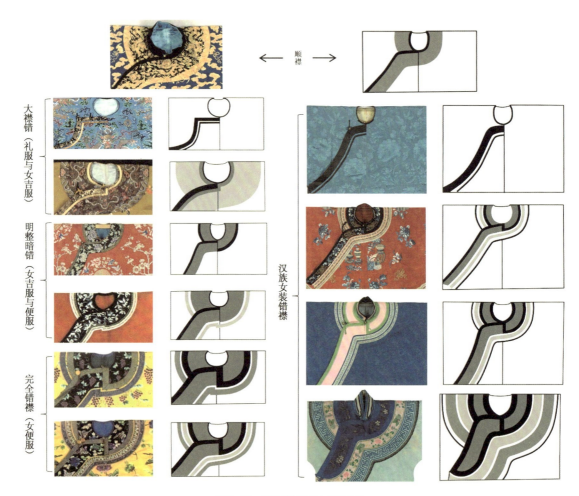

图2-29 满汉错襟的同形同构

第三章

清宫旧藏物质文献

和善本的错襟记录

作为清代服饰独有的错襟形制结构，其细枝末节表现出独属的服装性质，承载着丰富的历史信息和鲜为人知的文化褶皱。然而错襟少有文字记载，在清代官方典章和古籍中，目前尚无发现对错襟包括图像、文字描述的记载。因此考察今人整理的《故宫经典：清宫后妃氅衣图典》《故宫博物院藏品大系·善本特藏篇15：清宫服饰图档》等清宫典藏史料，无疑具有实物文献和图像文献的重要价值，也为逆向验证和倒推逻辑的研究方法提供了可靠的实物和图像文献支持。专门的氅衣实物图典提供了权威而系统的实物线索，为研究错襟的发展演变与形成背景至少提供了一个实物可观察谱系。

一、《故宫经典：清宫后妃氅衣图典》 错襟的完整呈现

氅衣虽是便服但很特别，它是晚清后妃和满人贵妇日常穿着的社交服饰，可以说是清代的职业女装。氅衣和衬衣形制最大的不同，就是氅衣两侧开裾并镶饰如意云头。开裾为行走提供了方便，但易露出内衣，有失端庄华仪，所以，氅衣通常穿在无开裾的衬衣外面。如果不是冬日外出，氅衣的外面不再套穿其他服饰。因此，氅衣成为最适合彰显个性和女德修养的"时装"，自然纹饰、绣工比其他服饰更为讲究。晚清慈禧太后正是氅衣文化的推手，后宫慈禧太后武装到牙齿的氅衣盛装，上行下效成为晚清时尚贵族妇女的风向标，且反哺到汉族上流妇女中成为时代风尚（图3-1）。

图3-1 慈禧着团寿纹氅衣外罩如意云头对襟排穗坎肩[1]

---

1 来源：美国档案馆藏。

满人用氅衣的"氅"字另有寓意。《集韵》载，氅是"鹙鸟"的羽毛（衣）。鹙鸟，是古籍中记载的水鸟，亦称秃鹙、扶老。崔豹《古今注·扶老》："秃鹙也。状似鹤而大，大者高八尺，善与人斗，好啖蛇。""扶老"还是手杖的别名。满俗视鹰为图腾，"氅"亦是满汉融合深刻而智慧的表现。《宋史·仪卫志》："氅，本缉鸟毛为之，唐有六色、孔雀、大小鹅毛、鸡毛之制。"有学者认为，最初的氅衣是中原地区用鹙鸟羽做的服饰，后用于文人雅士。它虽不是满族的传统，却是满汉融合的产物。取其宽袍大袖的汉式融于满袍中成为必然，缘边文化的发扬也就有了基础，错襟正是在这个环境中发生、发展和发扬的。

《故宫经典：清宫后妃氅衣图典》以实物文献的方式完整地记录了氅衣错襟发生、发展和发扬的物质轨迹，可以说系统呈现了错襟形制的谱系，研究价值很高。书中记录了152件清宫传世氅衣，涵盖材质之丰富，纹案之华丽，形式之多样，朝代之全面是氅衣实物文献的集大成者。虽然未提及错襟的匠作过程，但实物文献清晰可辨，且大多附有细节图示。经过统计，其中顺襟通常采用明整暗错方式，少量的顺襟延用了吉服袍的顺襟工艺，即前中绣片图案拼接完整，工艺严谨，缝制精致，风格内敛，主要出现在道光、咸丰两朝。到同治朝后来居上的错襟从隐蔽低调逐渐转变为高调夺目。到光绪朝氅衣的完全错襟形制达到顶峰，成为绝对的主导。

在统计中，除了没有明确朝代信息的13件服饰之外，其余悉数统计在内。道光年间初现氅衣完全错襟但未成主流，只占9%。咸丰年间是一个特殊时期，存世实物骤减，这与八国联军入侵北京烧杀掠夺有关。"目前北京故宫博物院传世藏品里，清咸丰朝的服饰如凤毛麟角，不足百件，这与故宫数万件藏品量相比，几乎可以到了忽略不计的程度。"[1]所以，咸丰时期实物证据的缺乏，有其历史原因，但这不意味历史物质形态传承的中断，可以从隔朝事项发展惯性的主脉信息中得到答案。后朝同治时期氅衣的错襟就占到33%，与道光朝只占9%相比显然咸丰朝也是在提升的。到了光绪年间，完全

---

1 陈正雄：《清代宫廷服饰》，上海文艺出版社，2014，第199页。

错襟的比例高达95％，占据主导地位。通过其他信息来源的考证，到了宣统年间氅衣错襟形制再次骤减，这与当时社会动荡、西风东渐、清退民进、改朝易服的大趋势有直接联系。但在保皇势力中，错襟仍是他们的标志，不过也只能在小朝廷中使用，被时代抛弃只是时间问题（表3-1）。

表3-1 《故宫经典：清宫后妃氅衣图典》错襟统计

朝代	其余形制	完全错襟	总计	错襟所占比例
道光	19	2	21	9%
咸丰	6	0	6	0%
同治	18	9	27	33%
光绪	4	79	83	95%

标志完全错襟的"Z"字镶边是其独有的工艺符号，材料采用的是绦带、绣片、缎料等。基于实物文献和图像辅助，进一步统计不同时期"Z"字镶边的纹案变化。晚清前期错襟的绦带整体风格素雅，故称素绦；后期绦带绚丽且宽度增加，细节处理也讲究与整体协调，纹案强调吉祥寓意，锦绣富贵，故称花绦。依朝代排序统计可以看出，错襟逐渐外化成为时代标志的族属符号。

统计实物文献，道光年间只有两例元青色窄缎镶边的错襟氅衣；同治年间出现月白和元青地万字曲水纹织金缎镶边，同时存在两例元青色窄缎镶边；到了光绪年间，"Z"字镶边错襟式样丰富多彩，与整体风格或对比或统一。"Z"字镶边的万字曲水纹仍作为传统的主导纹样，同时发展出雪青、月白、宝蓝、绛红和元青五种底色，除此之外增加的纹样仍以吉祥纹为主，如寿字纹、宝相花纹、荷花纹等。"十八镶绲"更使以错襟为标志的缘边文化在光绪年间大放异彩，成为晚清服饰具有典型时代特征的文化符号（表3-2）。

表3-2 《故宫经典：清宫后妃氅衣图典》"Z"字绦带（镶边）纹样和错襟式样

朝代	"Z"字镶边	错襟样式	数量	合计
道光	 元青色窄缎边		2	2
同治	 月白地万字曲水织金缎边		2	9
同治	 元青地万字曲水织金缎边		5	
同治	 元青色缎边		2	
光绪	 元青地织金长圆寿字纹		5	79
光绪	 石青地宝相花织金缎边		2	
光绪	 金色地荷花纹绦		1	
光绪	 品月地织金铜钱纹缎边		1	

朝代	"Z"字镶边	错襟样式	数量	共计
光绪	蓝地织长寿纹绦		1	
	雪青地万字曲水织金缎边		1	
	月白地万字曲水织金缎边		13	
	宝蓝地万字曲水织金缎边		8	
	元青地万字曲水织金缎边		44	
	元青色缎边		3	

收录在《故宫经典：清宫后妃氅衣图典》中开篇的光绪明黄线绸绣牡丹平金团寿纹氅衣是光绪朝完全错襟的典型代表，也是全书中最为华丽的氅衣之一。"Z"字形绦带镶边宽阔大气，整体缘边繁复雍容华贵，使面料只漏出一小部分形似开光。领口缘边从外向内分别是石青色窄绲条、元青地缎平金寿字牡丹纹绣片，"Z"字绦带镶边为元青地织金团连方寿字纹，内延织金三蓝式花蝶绦。明黄线绸面料绣白牡丹平金团寿纹布局采用自然骨式。错襟为明整暗错制式，领襟绣片、镶边与其纹案对仗外廓线规整。元青地"Z"字绦带镶边是团连方寿纹与整体福寿连绵的寓意有关，织金三蓝式花蝶内延绦带寓意锦绣前程，与衣服牡丹团寿纹的雍容富贵珠联璧合，明黄的主色调更是彰显了主人的尊贵身份（图3-2）。

图3-2　光绪明黄线绸绣牡丹平金团寿纹氅衣与错襟细节[1]

---

1 来源：故宫博物院藏。

图3-3 《慈禧太后便衣像屏》与错襟的饰配细节[1]

通过对比晚清帝后御像的考察，在慈禧太后的画像中，发现与明黄线绸绣牡丹平金团寿纹氅衣相同类型的氅衣。重要的是，它为我们提供了氅衣和其他饰物装备的规制范本，如满冠大拉翅组配，既说明氅衣的满俗特征，又揭示了它的便服规制，同时慈禧的氅衣又推升了它"便服礼用"的趋势。"她对氅衣的异常喜爱，使得宫中的其他后妃、侍女等纷纷效仿。"[2]美国画家卡尔画的《慈禧太后便衣像屏》，以写实风格手法把便服氅衣呈现在国人和世界面前。

画中出现的"Z"字绦带镶边为元青地织金团连方寿字纹，这种镶边同样出现在光绪明黄线绸绣牡丹平金团寿纹氅衣实物当中。对比纹案式样，从主色调到吉祥纹样的广泛使用，说明该图像文献确有实物，而且实物氅衣比慈禧御像中氅衣的奢靡绚烂有过之而无不及。如此重工的氅衣中，错襟不再是为了解决繁复襟缘缝边的遮遮掩掩，而是一种外化的、充满设计艺智的匠作技艺。值得注意的是，御像中错襟镶边用洁白的珍珠排列装点，领约[3]、"Z"字错襟、底摆以及明黄色地上的葡萄纹中同样都装饰珍珠，串式压襟[4]由直径更大的珍珠连缀，一端饰有超大的红宝石，使氅衣的便服属性发生了改变。氅衣的等级在这些华丽装饰下逐渐提升，成为接见外宾时的准礼服。重要的是，大拉翅又是强调族属衣冠的中华服饰，这确是满人国家意志的智慧体现（图3-3）。

---

1 来源：故宫博物院藏。
2 夏艳、李瑞芳：《大清皇室的走秀台》，中国青年出版社，2011，第245页。
3 领约：又称项圈，用于约束颈间衣领，为清代满族贵妇特有的佩饰。
4 压襟：是清代满族配合大襟的右上方配饰，男女通用，但不用于礼服，起固定衣襟和修饰作用。

二、物质文献呈现错襟的从盛到衰

从物质文献的梳理来看，便服的错襟始于道光，定形于同治，鼎盛于光绪，退隐于清末民初，与其承载的便服形制共进退，错襟的形制与便服的制式互为因果。清朝便服的物质文献除《故宫经典：清宫后妃氅衣图典》中收录氅衣外，在1988年出版的《清代服饰》、王金华与周佳编著的《图说清代女子服饰》、张琼编著的《清代宫廷服饰》、严勇、房宏俊编著的《天朝衣冠——清代宫廷服饰精品展》、陈正雄编著的《清代宫廷服饰》，以及宗凤英编著的外文版书籍 *Heavenly Splendour：The Edrina Collection of Ming and Qing Imperial Costumes* 中都不同程度收录了便服传世品。其中标志性的"错襟"形制，与清宫后妃氅衣"错襟"发展演变的脉络相统一。道光年间出现的便服错襟低调含蓄，重隐素雅致，表现出满俗本真气质，虽然缘边初步施加了装饰但仍不强调错襟工艺。经历咸丰时期的过渡阶段，同治朝提升了对比鲜明的错襟风格，"Z"字的镶边宽度也在增加，错襟的格式与工艺基本定型，但并不丰富。至光绪时期，错襟形制发展到顶峰，并且运用于便服的种类更加广泛，甚至无需错襟的坎肩、直身也都出现了错襟。错襟已不再是解决领襟宽缘结构的缺陷，而是成为上流社会妇女闲适风尚的标签。此时的"Z"字错襟大放异彩，颜色变化绚烂多姿，纹案寓意丰富多彩，承载错襟的便服已经坠入娇饰奢靡的深渊不能自拔。慈禧听政示权赋予了氅衣最高的尊贵身份。制度形同虚设，国家挑战制度，慈禧起到了推波助澜的作用，服装礼制逐渐土崩瓦解。与西方文化的碰撞，产生了新的服装形态，除了摒弃传统的宽袍大袖，也同样摒弃了缘饰繁复的错襟。民国初年，错襟逐渐消退，满族旗人虽喜便服，但恐避反满思潮，代表满人的错襟符号早已消失得无影无踪。这一切都在物质文献中一清二楚地记录着。但物质文献毕竟是实物，只有从图像和文字文献的记录中得以印证，才能赋予实物以历史与学术价值。

三、《故宫博物院藏品大系·善本特藏编15：清宫服饰图档》画样的标准化意义

　　清宫服饰图档是清代服饰制度研究的富矿，它比典章更重要的是，可以直达制度的要害，以专业的视角去释读制度精神，尽管不是以文字记录，但可以回归典章。同时它也是认识满族服饰文化可靠权威的文献，因为满人执掌国家政权可以充分而全面地传播本族传统。

　　故宫博物院收藏的善本古籍总数逾60万册。故宫出版社出版的《故宫博物院藏品大系·善本特藏编15：清宫服饰图档》（以下简称《清宫服饰图档》）中，御作服饰画样多配以文字说明，是清宫服饰图档的首次系统公布。《清宫服饰图档》可以说是清"官制服饰图档"的善本集成。善本是指经过严格校勘、无讹文脱字的文献，这里的善本是指具备较高历史、文物、学术和艺术性的手稿图像文献。

　　《清宫服饰图档》画样由清宫画师完成，收录了朝服、吉服、便服、珠宝首饰、顶枕、轿样等各式画样，采用实录设色、工笔细密绘制手法。开篇收录的朝服、吉服与《大清会典》《皇朝礼器图》中的典章规制相互印证，皇后嫔妃的也只能在规定的范围内参照设计。画稿需上呈应允后成样，再发至织造局督办监制。清宫画样的严谨性和交代事项的清晰程度，决定了织造成品的好坏。从收录的图档画样来看，明显存在尊卑等级的差别。像皇帝或高等级礼服的画样，不仅要细节交代清楚，还要绘制得当，精妙绝伦。但左右对称的纹案则不再绘制全貌，这样一来不仅省工省时，还降低了出错的可能，形成了清宫画样左彩绘右线描的独特形式。尽管如此，即便都是礼服画样，也会有不同等级的处理方法，如皇帝朝袍画样严格执行了左彩绘右线描的图示，而吉服袍则省略了右边线绘部分，事实上朝袍也是可以省略的（图3-4）。

　　由此可见，《清宫服饰图档》不可能收录更多的便服画样，即使有，画样等级也是偏低的。因此，《清宫服饰图档》仅收录了一则完整的氅衣画样，即黄地百寿氅衣样。明黄地和百寿纹说明它是地位显赫身份尊贵的皇后或皇太后御用品，画师自然会精心绘制，画样格式与吉服袍相同，采用左彩绘右空白形式。但并没有出现错襟形制，或与级别过高有关，也证明此画样时间不会太晚（图3-5）。画样的考究与否，也并非看是否为礼服，讲究的便服画样也要看服用者的身份地位。以收录的慈禧坎肩画样为例，纹案工笔考究，设色雅致。

图3-4　朝服和吉服画样[1]

主体纹样为高工笔竹石图，且必须完整地绘制出来，而绦带镶边纹样左右对称也完整地绘制。更有甚者，由于镶边多是弧线形，需要通过归拔工艺形成的纹案变形都绘制得十分写实，显然这是画师为了使画样看上去像是主人穿在身上的实际效果。对比前朝的朝服、吉服画样都未细致如此，可见慈禧如是得到画师的虔诚恭敬已经到了无以复加的地步。因此，清宫画样品质要看礼制，更要看权势（图3-6）。

图3-5　黄地百寿氅衣画样[2]

图3-6　白地竹石纹老佛爷紧身画样与底摆细节[3]

1 摘自：《故宫博物院藏品大系・善本特藏编15：清宫服饰图档》。
2 同上。
3 同上。

在《清宫服饰图档》中，收录便服的简单画样有8例，其余31例只有面料花纹和颜色提示。由于画样是用宣纸绘作，一些书写于背面的释样文字透了过来，将文字镜像翻转之后，文献考据自此有了重要发现。如“另伍号 粉地百蝶栀子氅衣料样”，画样左边可以看到一行墨书，是写在背面的织绣提示“另肆号 照此花样大红地氅衣面”，而图中绘制的是粉地料样，由此得知，该画样最终需织造出相同花样不同底色的两种氅衣衣料。这种操作在《清宫服饰图档》中频繁出现，像“雪青色地连连双喜氅衣面样”反面墨书“肆拾肆号 照此花样月白氅衣面两件”等。除此之外，收录在其中的便服还提供画样的组合设计方案，如坎肩、马褂画样要求同花样换底色再做紧身面、马褂、氅衣的墨书记录：“石青地竹兰马褂样”反面墨书“伍拾柒号 照此样紧身面一件马褂一件”，“浅粉地九思图褂襕样”反面墨书“柒拾捌号 照此样氅衣面一件”、“柒拾玖号 照此花样藕合地氅衣面一件”、“捌拾号 照此花样藕合地紧身面一件”等，就是同款画样坎肩和氅衣的搭配方案。显然有了近代织造产业化的生产模式，也为大量便服织造形成了有效的生产模式，其中标志性错襟工艺的程式化也是与此相适应的产物（图3-7、图3-8）。

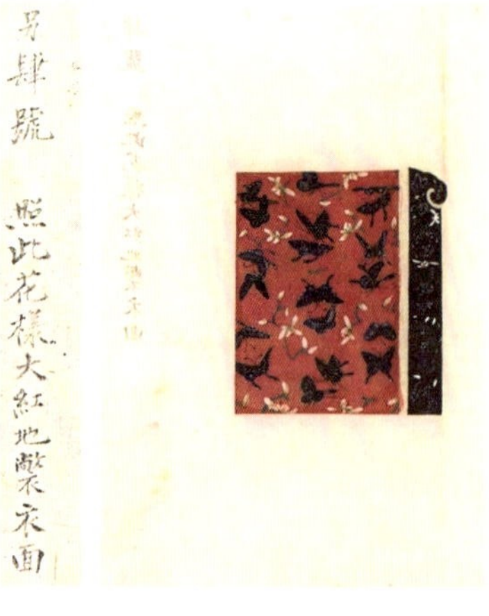

图3-7　另伍号 粉地百蝶栀子氅衣料画样[1]

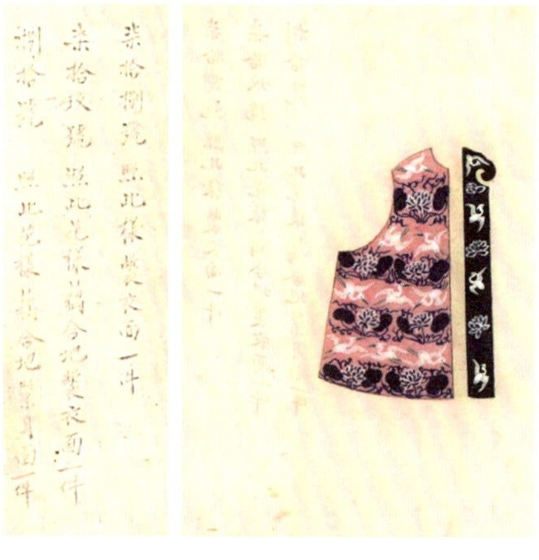

图3-8　浅粉地九思图褂襕画样[2]

1 摘自：《故宫博物院藏品大系·善本特藏编15：清宫服饰图档》。
2 同上。

这种一稿多件的产业化模式还表现在责任者监管制度上，并早在咸丰同治时期就形成了。这在图档的画样中也表现出来，"石青地金竹兰褂襕样"画样上标注"臣沈贞恭画"的墨书，"雪青色地连连双喜氅衣面样"画样上标注"臣沈振麟恭画"的墨书，这便在画样的质量监管上有据可查。与匠役不同的是，宫廷画师是有一定品级的，因此有一定的职责范围。据史料记载，沈贞（生卒不详），字正峰，为咸丰、同治时的宫廷画师，擅长人物、山水；沈振麟（生卒不详），字凤池，元和（今江苏吴县）人，为同治、光绪时的宫廷画师，曾任奉宸院卿，擅长画人物肖像及花卉。从画样格式来看，也反映了咸丰、同治到光绪时期，便服画样的形制变化。前期画样还有清晰的服装形制特征，到后期逐渐转变为只提供方形料样，这种转变意味着作为低等级的便服制作数量加大，产业的标准化生产模式是一定会付诸实践的，画样便是这种标准化的设计图。至于工艺的标准化是隐藏在工匠程式化的技艺传承人心中，因此像错襟这种极其专门化的匠作流程是不会记录在画样中的（图3-9）。

图3-9　晚清便服画样的简化趋势[1]

1　摘自：《故宫博物院藏品大系·善本特藏编15：清宫服饰图档》。

在《清宫服饰图档》中还收录了有关便服织造数量的奏折，从一个侧面也证实了画样作为标准化设计图的功能。例如，《养心殿造办处奉旨传交江南制造备办各项活计红摺》奏折中清楚地标注了所需便服的面料要求。便服的需求量和呈造数量，其规模之大、花色之丰富在造办处的红摺中就略见一斑（图3-10）。

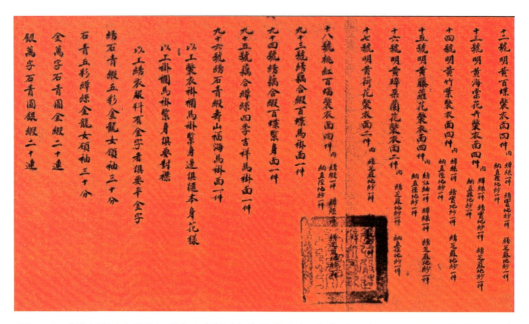

图3-10 《养心殿造办处奉旨传交江南制造备办各项活计红摺》清内府同治七年（1868年）抄本[1]

同治十二年十月，"传派苏州织造毓秀造办缂丝龙袍褂三套，氅衣36件，衬衣59件，解到银8万5千两"[2]。光绪二十年二月八日，"钦此……优查前项奉传龙袍褂面，氅衣，衬衣，马褂，紧身共计八十七件，系属要需……"[3]。很多时候，氅衣画样已经不采用一衣一稿，整个便服画样都采用

1 摘自：《故宫博物院藏品大系·善本特藏编15：清宫服饰图档》。
2 第一历史档案馆：宫中朱批奏折04-01-0076-030。
3 第一历史档案馆：宫中朱批奏折04-01-14-0088-012。

多衣一稿，且只有料样纹案和必要的如意云头、领口细节等，也都不注明具体工艺要求。"有的服饰不仅镶边加滚，并且还在衣服的前后或左右用花绦撷成装饰性极强的大如意云头。这些一道又一道的镶边和大如意云头，缝制起来难度都很大，不仅需要匠役们具有精湛的缝制技术，同时，还需要匠役们具有很高的审美能力，才能使几道花绦从颜色到花纹，配置的既协调，又美观大方……"[1]这便是隐藏在匠人心中的程式技艺，且是通过可亲传的族人传承的，如是当时的匠艺生态。由此可见，错襟技术的工艺流程不可能袒露在画样中，但最后成型和缝纫工匠的手法技艺已经完全程式化深刻在记忆中，而玄机在于"外繁内简"的节俭技艺，正迎合了当时的浮华之风。

---

1 宋凤英：《清代宫廷服饰》，紫禁城出版社，2004，第209页。

四、错襟去尊就卑

　　根据存世实物和史料文献的研究表明，错襟只出现在晚清女装当中，而且无论它如何在女装中大放异彩，就目前的史料现实，错襟始终没有能在包括朝服、吉服等更高级别的服饰中出现。值得注意的是，在所有的便服系统中，错襟女用男不用。清朝官服的缘饰制度主要表现在礼服上，但绝不会用错襟。清早期常服和便服用素襟制也就无错襟可言，显然这是对传统尊卑观的满式解读和表达。中国古代的衣冠制度完备严谨，不可逾越宗法礼制，但这不意味着它不具有合理性。例如它所具有的普遍价值与现代绅士文化礼制的谦逊精神和内敛原则不谋而合：在服饰礼制的构成逻辑上，"上一级元素向下一级元素流动容易，下一级元素用于上一级服装时要慎重。例如礼服构成的元素向常服中流动一般是顺畅的，反过来常服的元素向礼服中流动要困难得多，它遵循的是'水往低处流'的社交法则……男装元素向女装流动顺畅，反之要谨慎"[1]。此原则在晚清服制中也大行其道：便服可以用自身元素错襟亦可用礼服元素非错襟，而级别更高的礼服只能使用相匹配的非错襟，不能使用比自身低的错襟元素；作为女装的元素不可用于男装，而男装元素可以自由运用到女装中。

　　《大清会典》与《皇朝礼器图》详细记录绘制了礼服、吉服、常服、行服和雨服的穿戴制度，从质地到颜色，形制到纹样都规定得十分详细，等级森严，不得僭越。但这也限于礼服和官制服饰，对于便服虽然规定了用料、用色、花纹等限制，具体的服装形制也绘录在画样中，而并非记录在典章中，只是出现在呈造文书中。作为便服的错襟形制，不论是典章还是呈造文书都不会记录在案，这说明它的形制的可变通性，但技术流程由匠人掌握，也给错襟的发展和丰富性提供了空间。

　　可以说礼服和便服是两个不同记录系统，前典章后匠艺。但这不意味着"后匠艺"可无"腹稿"随性处之，相反，匠作口传心授的传统才是它的本来面目。我们倒可以通过典章记录的制度来认知工匠制衣的心路历程。制作一件朝服，首先，依据《大清会典》与《皇朝礼器图》制订的图示作为参照，在不

1　刘瑞璞：《TPO男装设计与制版》，化学工业出版社，2015，第11页。

违背礼法制度的前提下，如意馆[1]的画匠们按照帝后、妃嫔及其家眷们的要求绘制小样。"它不同于一般的小样，只绘出衣样和花纹轮廓就行，这种小样，还要涂上所需的衣服颜色及准备绘成的花纹色彩，同时还要标注衣服的各个部位尺寸。绘制这样的小样，几乎没有一次成功的，无论是底色，还是花纹、花纹的色彩，稍有一点不如意，就要重新绘制，毫不将就，有的小样前后反复几次或几十次才能合意。"[2]然后，这些画样再由内务府发往三织造和织染局，在织绣时，工匠要按照画样的花纹、花色一丝不苟地加工，要求织绣好的半成品衣料要和画样完全一致。织好的衣料运回宫中，由内务府下管的造办处及帽房、针线房和尚衣监负责为皇家成员缝制最终成品（图3-11）。

这个过程是根据大清典章，由宫廷画师绘制画样到制造局成造一套完整的制度流程。便服错襟的去尊就卑，也就决定了它礼去便存、女用男不用的命运。研究表明还有一个不能被忽视的现象，在晚清的女子便服中，错襟普遍存在，但"满奢汉寡"。

---

1 如意馆：是指清宫内务府造办处下属机构。
2 宋凤英：《清代宫廷服饰》，紫禁城出版社，2004，第209页。

（1）《大清会典》冬朝服绘样

（2）《皇朝礼器图》冬朝服绘样

（3）宫廷画师小样的冬朝服

（4）雍正年间存世实物冬朝服

图3-11　皇帝冬朝服典章与呈造[1]

1　来源：故宫博物院藏。

第四章

纳纱便服实物研究

错襟是晚清便服标志性的形制结构，又集中表现在具有代表性的氅衣和衬衣上。因此，对这两类服饰实物进行深入研究有望破解其背后的深层原因。本研究有幸得到清代服饰收藏家王金华先生的鼎力支持与合作，其中有错襟的收藏不乏宫廷传世品[1]，即便是来自民间也非富即贵。研究发现，这些错襟形制的氅衣和衬衣，不仅结构严谨、工艺精湛，就其用料也不是一般家庭能够承受的，如纳纱、缂丝、绸缎、漳绒等，而且面料不同，错襟工艺也不尽相同。

　　纱织便服是清宫后妃或贵族在夏季穿着的服饰，因其纱孔通透通常不加衬里，达到干爽排汗作用，是避暑纳凉的首选。工艺大多以同色面料在反面贴边，用贴缝藏住毛边遮蔽线迹。由于纱织材质的便服通透，为错襟结构的工艺解读提供了绝佳的条件。此次将收藏家王金华藏品中纱织类精品便服悉数进行信息采集，可以透过面料对错襟内部结构工艺进行研究，为错襟形制源自领襟多纹样宽缘结构的合理处置提供了重要依据，可以说揭开了错襟这种晚清独特服饰文化现象的面纱。

---

1 宫廷传世品，流于民间，是由于清末民初社会动荡，满人贵族纷纷变卖包括服饰在内的贵重物品，特别是服饰的交易渠道，是当时上层社会行营戏班的商人及为此作为戏服的戏班名角低价收购，因此宫廷服饰大量地流入民间。

一、紫色纳纱牡丹暗团纹氅衣形制与错襟

1. 紫色纳纱牡丹暗团纹氅衣形制特征

　　紫色纳纱牡丹暗团纹氅衣，为典型的清代晚期氅衣形制。圆领右衽大襟，左右开裾，四粒镂空鎏金铜扣，主料为紫色纳纱，纱织牡丹暗团纹。领口镶边由外而内分别为元青色缎窄绲边，元青地蝴蝶牡丹纱织绣片，内镶元青色缎绦子，并前中折拐连至大襟绦边，是典型的"Z"字形错襟形制。最内沿紫边蓝地白色纱织寿桃、佛手、石榴纹案二方连续织锦带。双开裾和下摆如此复制，形成完整的错襟缘饰系统。标本挽袖口最外端是月白牡丹六角龟鳞暗纹绸。整件衣服色彩绚而不燥，搭配大胆而不失雅致。面料、领襟绣片、挽袖以及织带纹样交相呼应，承上启下，表达富贵吉祥、万寿无疆、多子多福的美好寓意。从衣服的脱浆状态来看，制作成衣后未有穿着的痕迹，扣子、开裾、衣襟、袖口等细节保存完好，是不可多得的氅衣精品。错襟形制结构和匠作技艺堪称精绝（图4-1）。

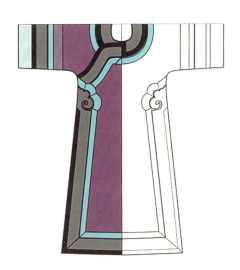

图4-1-1 紫色纳纱牡丹暗团纹氅衣（正面）

（来源：王金华藏）

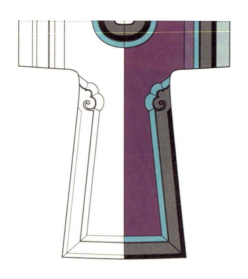

图4-1-2 紫色纳纱牡丹暗团纹氅衣（背面）

 80 满族服饰研究：满族服饰错襟与礼制

错襟细节

镂空鎏金铜扣

纳纱结构

缘边绣片细节

缘边织带细节

挽袖口罗结构

图4-1-3 紫色纳纱牡丹暗团纹氅衣细节

2. 紫色纳纱牡丹暗团纹氅衣信息采集与错襟解析

对紫色纳纱牡丹暗团纹氅衣的主结构和贴边进行测绘和结构图复原。其主结构，衣长132cm，通袖长122cm，前领深10cm，后领深1.5cm，领宽11cm，领口周长40cm，袖口宽25cm。挽袖接缝（折叠至袖内的接缝）距中线73cm，此为最宽处，所以面料幅宽约为75cm。全部镶边形成的挽袖尺寸是28cm，可翻折两次，形成结构复杂的双挽袖。左右侧开裾长约82cm，底摆翘量1cm，衣摆宽72cm，属于窄摆类型的直身结构，这样几乎可以忽略由于肩斜对侧摆的影响，结合袖子相对较窄的结构分析，此为满族妇女便服较传统的裁剪特点。如果对照之后的标本粉色纳纱蝶恋花暗团纹衬衣，相比之下，仅袖子肥度，该标本就小了将近一倍。综合这些数据，大体可判断其为氅衣早期的风格。紫色纳纱牡丹暗团纹氅衣的反面贴边的平均宽度约5cm，腋下贴边一端藏于挽袖面料之间，另一端隐于开裾云头的工艺处理之中，这在纳纱面料里是较为独特的工艺方法，优点是纳纱不会太厚，从衣身反面可以清楚地看到镶边贴缝于大身的针脚，而正面尽显华丽的缘边。腋下作缝藏于后加的贴边中，侧缝和衣摆毛边夹于面料与镶边缝合，藏于提前合成的镶边之内。衣片中缝缝合形态从上至下分成三段：领襟段用绣片、镶边覆盖面料劈缝；大身中段用0.5cm缝份的来去缝工艺；至底摆镶边段，再用面料劈缝将绣片、镶边覆盖（图4-2）。

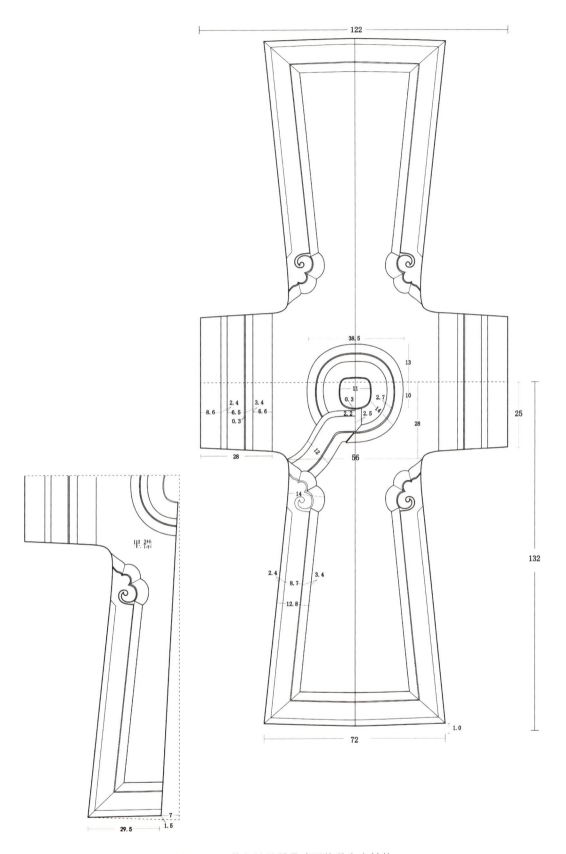

图4-2-1　紫色纳纱牡丹暗团纹氅衣主结构

（注：结构图中数字的计量单位均为厘米，全书相同。）

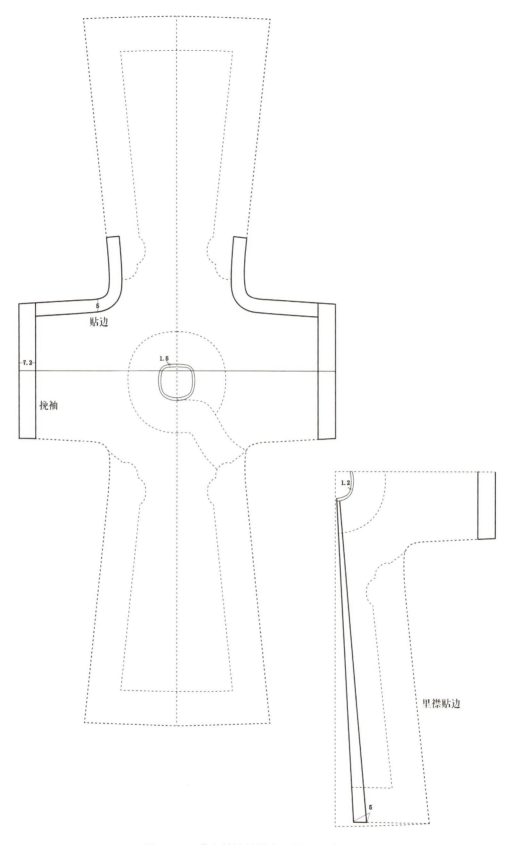

贴边

7.2

1.5

挽袖

1.2

里襟贴边

5

图4-2-2　紫色纳纱牡丹暗团纹氅衣贴边结构

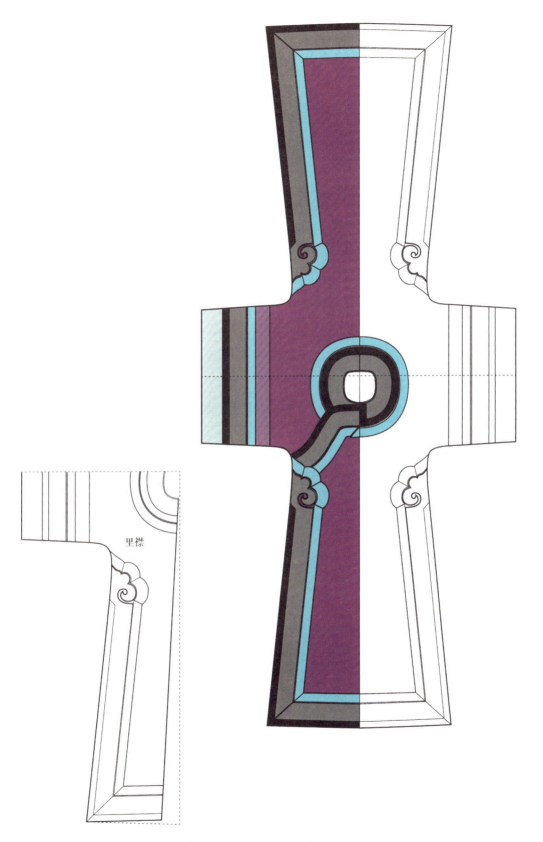

里襟

图4-2-3　紫色纳纱牡丹暗团纹氅衣面料与缘边示意图

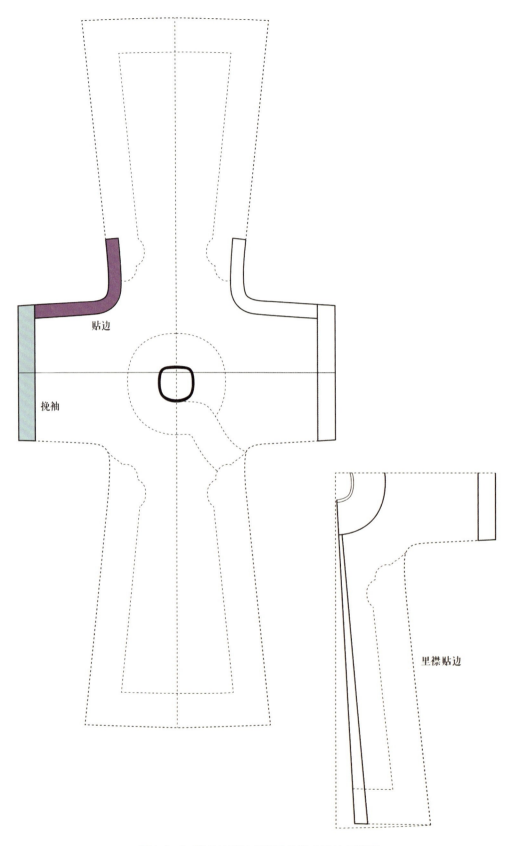

图4-2-4　紫色纳纱牡丹暗团纹氅衣贴边示意图

贴边

挽袖

里襟贴边

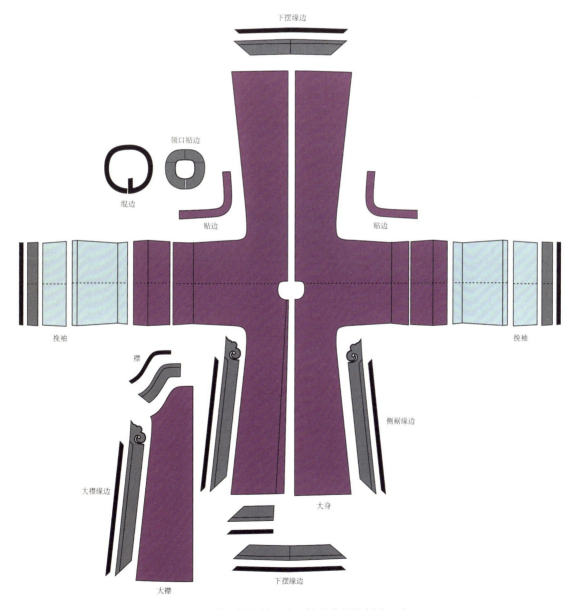

下摆缘边

领口贴边

绲边

贴边　　　　　　　　　贴边

挽袖　　　　　　　　　　　　　　　　　　挽袖

襟

侧裾缘边

大襟缘边

大身

大襟　　　　下摆缘边

图4-2-5　紫色纳纱牡丹暗团纹氅衣结构拆片示意图

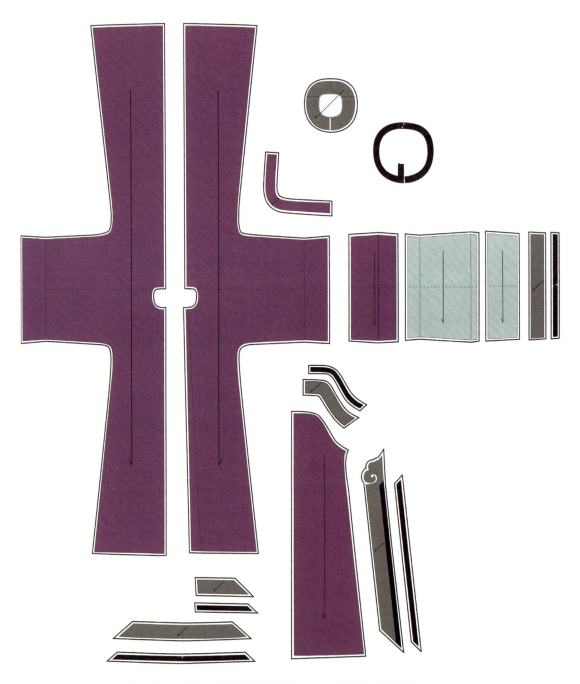

图4-2-6　紫色纳纱牡丹暗团纹氅衣分解毛样（对照拆片示意图）

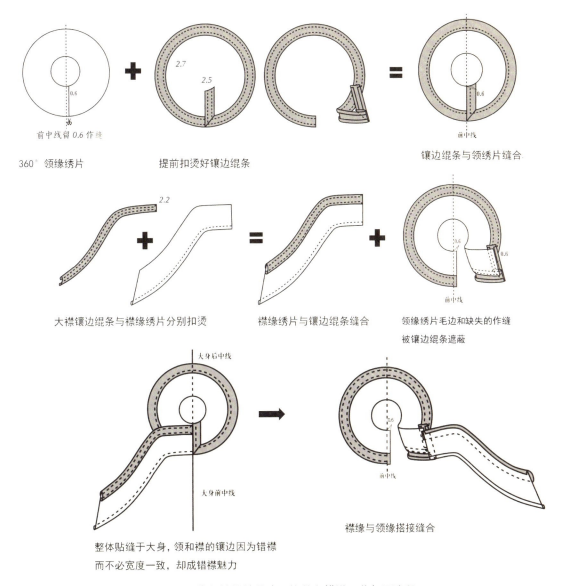

2.7
2.5

前中线留 0.6 作缝

360°领缘绣片　　　　　　　提前扣烫好镶边绲条　　　　　　　镶边绲条与领绣片缝合

2.2

大襟镶边绲条与襟缘绣片分别扣烫　　襟缘绣片与镶边绲条缝合　　领缘绣片毛边和缺失的作缝
　　　　　　　　　　　　　　　　　　　　　　　　　　　　　　被镶边绲条遮蔽

大身后中线

大身前中线

整体贴缝于大身，领和襟的镶边因为错襟　　　　　　襟缘与领缘搭接缝合
而不必宽度一致，却成错襟魅力

图4-3　紫色纳纱牡丹暗团纹氅衣错襟工艺复原流程

　　紫色纳纱牡丹暗团纹氅衣的错襟结构，透过面料可以发现，领襟绣片是
在纳纱面料上加绣作成的。所以，领缘绣片前中剪开后，领缘绣片必须在
前中提供0.6cm左右的作缝，这样在前中就失掉了至少1.2cm的差量，用"Z"
字形镶边遮蔽补正，而缝于底襟上的右侧毛边多出0.6cm作缝正是基于领缘绣
片360°必失作缝的补救办法。不仅如此，"Z"字形镶边还要保持一定的宽
度（本案例不得小于2cm），因此该标本从领缘到襟缘设计在2.2cm~2.7cm之
间。这件氅衣标本揭示了错襟最初构建格物致知的理念，就是360°领缘绣片
亏缺作缝，创造的"Z"字镶边的匠作智慧，并非装饰动机（图4-3）。

二、粉色纳纱蝶恋花暗团纹衬衣形制与错襟

1. 粉色纳纱蝶恋花暗团纹衬衣形制特征

衬衣，在清朝与今天的概念不完全相同。它通常与氅衣组合作为内衣使用，故形成不开裾形制，缘边的分布保留在领、襟、摆和袖口。清中期以后，衬衣逐渐形成内衣外穿趋势，缘边的装饰受氅衣影响丰富起来，但无开裾的形制仍未改变。这就决定了在礼仪级别上它永远低于氅衣，尽管它们都是便服。粉色纳纱蝶恋花暗团纹衬衣为典型的晚清夏季便服，形制为圆领右衽大襟，五粒镂空鎏金铜扣，整体宽衣阔袖的特点和内敛的缘边错襟装饰表现出明显的汉族风格，甚至有专家认为它是汉服，其实从繁复的挽袖和错襟工艺手法反映了满人他山攻错的美学理念。面料为粉色纳纱，纱织蝴蝶牵牛花暗团纹。领襟缘边由外而内分别为，元青色缎窄绲边，元青地仙鹤花卉纹绣片，外延元青色缎"Z"字形镶边，即经典的错襟形制结构，最内延黄地仙鹤花卉蝴蝶纹织锦绦带。挽袖口在此基础上外端拼接白地彩蝶花卉纹绸，这种结构可作挽袖亦可作舒袖穿着。值得注意的是，该标本整个缘边内缘的织锦绦带镶缀方法保持约0.5cm空隙，这与紫色纳纱牡丹暗团纹氅衣紧贴镶缀不同（见图4-1-3），一方面使缘饰更有层次感，另一方面使视觉中心的错襟更加精致且耐看。同时也可以作为判断年代的依据，无疑此为错襟全盛期的特点（图4-4）。

图4-4-1 粉色纳纱蝶恋花暗团纹衬衣（正面）

（来源：王金华藏）

图4-4-2 粉色纳纱蝶恋花暗团纹衬衣（背面）

错襟细节

纳纱结构

纳纱团纹细节

缘边绣片细节

缘边织带细节

图4-4-3　粉色纳纱蝶恋花暗团纹衬衣细节

2.粉色纳纱蝶恋花暗团纹衬衣信息采集与错襟解析

对粉色纳纱蝶恋花暗团纹衬衣的主结构和贴边进行信息采集和结构图复原。其主结构，衣长131.6cm，通袖长160cm，前领深9.9cm，后领深0.5cm，领宽12.3cm，袖口宽42cm，袖子接缝距中线76cm，故面料幅宽约为78cm。挽袖部分两次翻折，同样结构复杂。衣服底摆宽105.2cm，底摆翘量偏大，为7.6cm。基于传统袍服宽大的平袖直身为十字形平面结构，穿着时会受重力和人体肩斜影响，自然左右侧摆会产生下垂余量。为穿着时底摆呈水平状态，设计时左右侧摆要减小，故产生起翘量，摆宽、人体肩斜与起翘量成正比。该标本摆量增大起翘量正是如此。粉色纳纱蝶恋花暗团纹衬衣的反面腋下贴边宽5.5cm，下摆贴边宽11cm，领口贴边11.5cm，大襟贴边11.3cm，侧摆贴边11cm，背面的贴边宽度与正面的缘边总体上保持一致，用来隐藏固定缘边各种镶边的作缝针脚。这些工艺的考究也说明该标本非富即贵的出身（图4-5）。

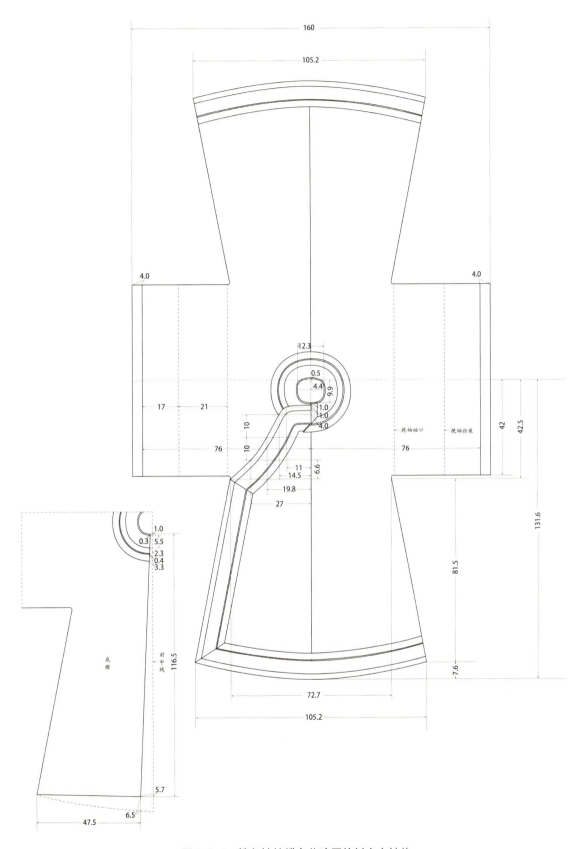

图4-5-1　粉色纳纱蝶恋花暗团纹衬衣主结构

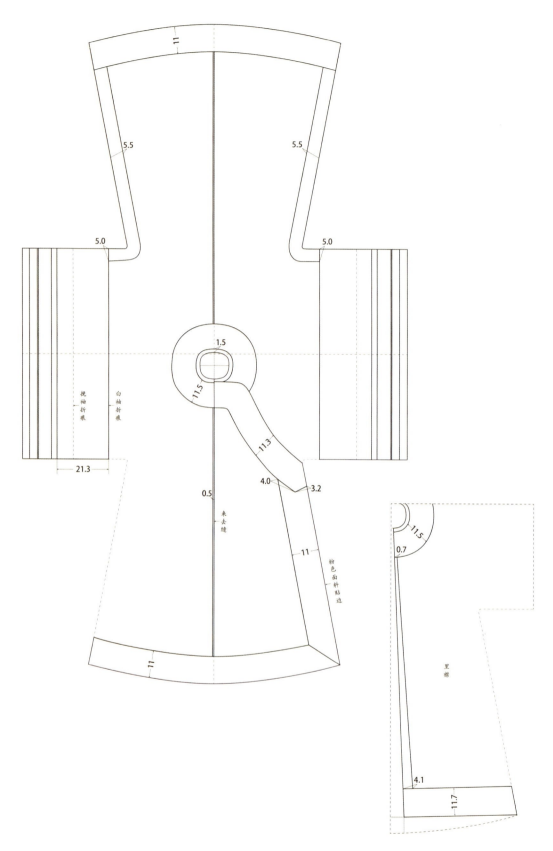

图4-5-2 粉色纳纱蝶恋花暗团纹衬衣贴边结构

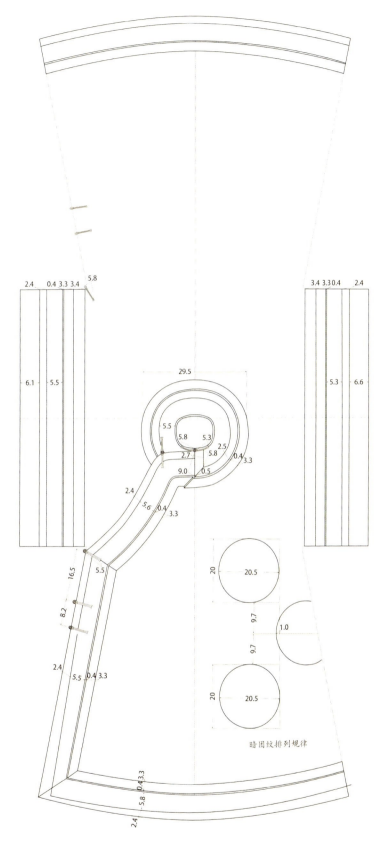

图4-5-3 粉色纳纱蝶恋花暗团纹衬衣缘饰镶边与暗团纹结构

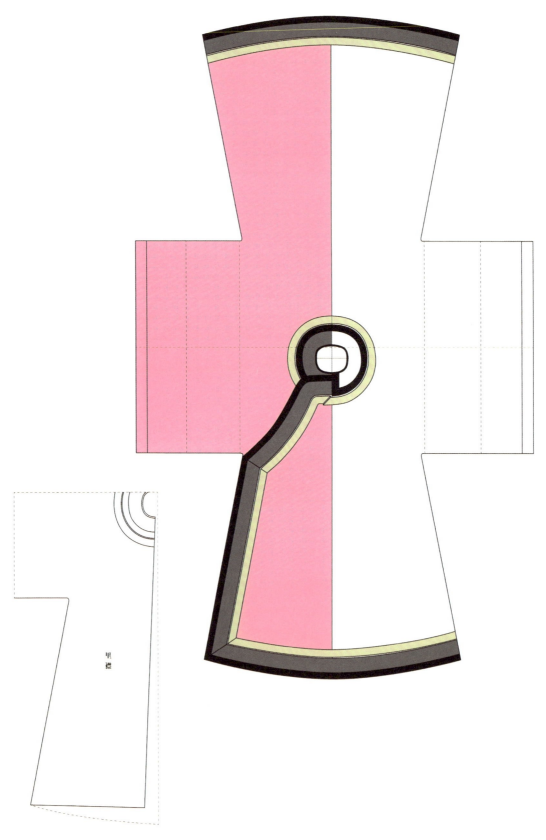

图4-5-4 粉色纳纱蝶恋花暗团纹衬衣面料与缘边示意图

里襟

 98 满族服饰研究：满族服饰错襟与礼制

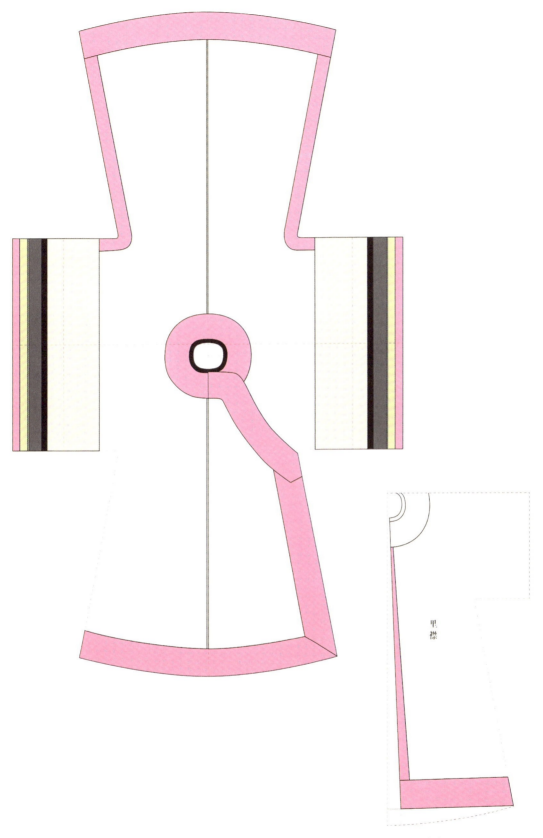

图4-5-5　粉色纳纱蝶恋花暗团纹衬衣挽袖和贴边示意图（粉色为贴边）

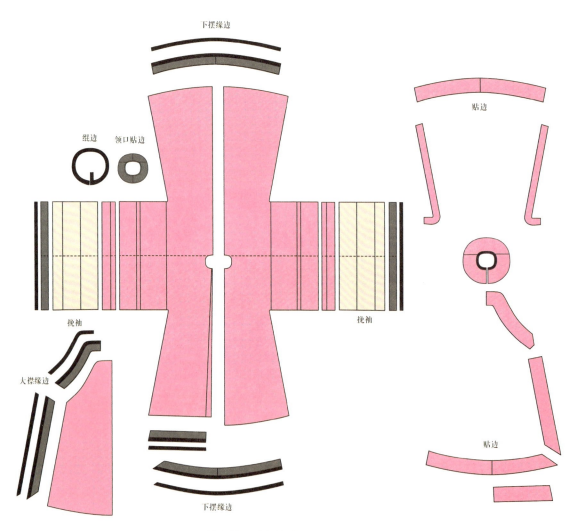

图4-5-6 粉色纳纱蝶恋花暗团纹衬衣结构拆片示意图

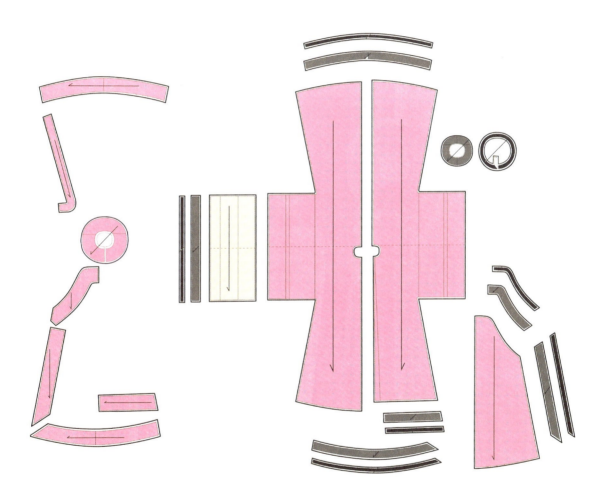

图4-5-7 粉色纳纱蝶恋花暗团纹衬衣分解毛样（对照拆片示意图）

粉色纳纱蝶恋花暗团纹衬衣的缘边绣片采用丝绸面料加刺绣。通常错襟的处理方法，是将圆盘形的绣片在中线位置向右让1cm左右作缝（见图4-3）。通过该标本"Z"字镶边结构发现，领缘绣片是在前中线断开的，这意味着绣片左切口无作缝量情况下参与拼缝，这需要"Z"字镶边加宽遮蔽补正，这就是"Z"字形镶边竖直的部分为2.7cm，比弧形部分2.5cm大的原因。同时领缘绣片右边切口，相对会得到更多作缝可以折叠扣烫成"Z"字形覆盖。这个衬衣错襟的构建理念，依然是360°领缘绣片亏缺缝合量，"Z"字镶边用来补救，并非装饰动机。里襟上领缘绣片切口处在前中位置，上述技术成衣后大襟正是在此位置通过错襟手法掩饰得天衣无缝，这也是错襟富于装饰欺骗性的原因（图4-6）。

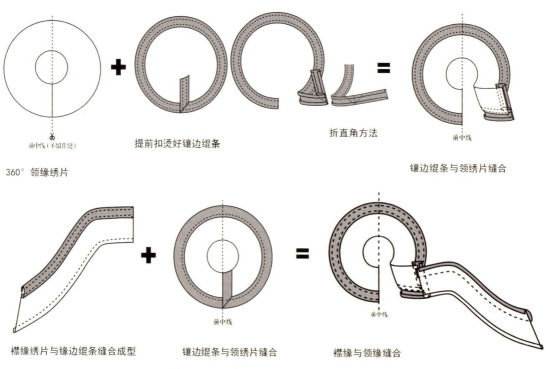

360°领缘绣片　　提前扣烫好镶边绲条　　折直角方法　　镶边绲条与领绣片缝合

前中线（不留作缝）

襟缘绣片与缘边绲条缝合成型　　镶边绲条与领绣片缝合　　襟缘与领缘缝合

前中线

图4-6　粉色纳纱蝶恋花暗团纹衬衣错襟工艺复原流程

三、藕荷纳纱仙鹤梅竹暗团纹衬衣形制与错襟

1.藕荷纳纱仙鹤梅竹暗团纹衬衣形制特征

藕荷纳纱仙鹤梅竹暗团纹衬衣与粉色纳纱蝶恋花暗团纹衬衣有异曲同工之妙，但在形制上还是有所区别，这就是它的直身窄袖有满俗回光返照的意味。标本形制为圆领右衽大襟，五粒鎏金镂空铜扣。面料为藕荷色纳纱，纱织仙鹤梅竹暗团纹。领襟缘边由外而内分别为元青缎窄绲边，元青地彩蝶菊花纹缘绣片，用元青缎镶边，至前中折拐连至大襟，是经典的"Z"字形错襟工艺。最内缘留空0.4cm用黄地折枝花纹织锦绦带镶边，同样精致耐看。挽袖最外端用白地折枝菊花纹纳纱，绣作精巧，说明满族贵人很在意挽袖状态，与错襟一样是对女德的表达。该标本另有发现的是，在里襟藏有贴袋，这种里襟上缝贴袋的做法与民国初期流行的袍服内贴袋形制一样，实际上这是从同时期男人长袍的规制借鉴而来。清末民初西方化的职场社交发展起来，长袍仍然作为社交服装的主导，但在形制上外观是不设口袋的，而又有需求，所以内袋应运而生。与长袍共治的汉服马褂外观也不设口袋，但在衣襟接缝位置特别处理成一个精致的隐形口袋。这些都表现出中华服饰传统的内敛美学，但就功能而言就大打折扣了，因此马褂形制的后期就形成了明贴袋的样式。藕荷纳纱仙鹤梅竹暗团纹衬衣标本出现暗贴袋至少说明两个问题：一是晚清衬衣在功能上完全外衣化了；二是制度上在男尊女卑的背景下出现了人性的表达，如都是袍服，女装在固守缘边文化，强化错襟和挽袖就是力证，而男装则放弃了缘边传统，体现了提升功用的务实精神。这就是民国初年男人长袍用暗袋、马褂用明袋且无任何缘饰，女人无论是长袍还是褂袄都未出现明袋的原因。该标本的暗贴袋信息确有民主自由萌芽的可贵之处（图4-7）。

图4-7-1 藕荷纳纱仙鹤梅竹暗团纹衬衣（正面）

（来源：王金华藏）

满族服饰研究：满族服饰错襟与礼制

图4-7-2　藕荷纳纱仙鹤梅竹暗团纹衬衣（背面）

错襟细节

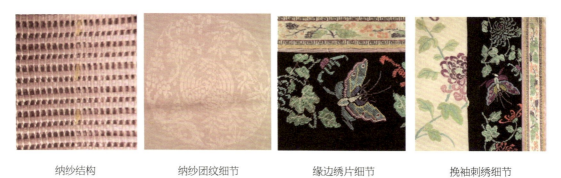

| 纳纱结构 | 纳纱团纹细节 | 缘边绣片细节 | 挽袖刺绣细节 |

图4-7-3 藕荷纳纱仙鹤梅竹暗团纹衬衣细节

2. 藕荷纳纱仙鹤梅竹暗团纹衬衣信息采集与错襟解析

对藕荷纳纱仙鹤梅竹暗团纹衬衣进行信息采集和结构复原。衣长136cm，通袖长122cm，前领深10.7cm，后领深1cm，领宽12.3cm，袖口宽24.9cm。挽袖展开后袖缝距中线76.5cm，故面料幅宽约为78.5cm。挽袖呈双折结构。衣服底摆宽为95cm，起翘6.7cm，相较于前例粉色纳纱蝶恋花暗团纹衬衣标本的7.6cm起翘量和105.2cm底摆宽，说明该标本是偏直身和窄袖的结构特征。内贴袋在里襟胸部靠近中线位置，呈"U"字形，这种形制在清末民初被定型。藕荷纳纱仙鹤梅竹暗团纹衬衣的反面腋下贴边宽5.5cm，贴边上端毛边通过挽袖处理隐其内，下端通至底摆，其毛边通过摆缘工艺一并处理。领缘、襟缘和摆缘的宽度都在13cm左右，观察标本反面可以看到固定缘边的针脚。对照前两例纳纱标本，有氅衣和衬衣，贴边处理手法也不尽相同，但错襟的工艺始终保持相对稳定，说明它们有一个共通的结构设计和工艺机制（图4-8）。

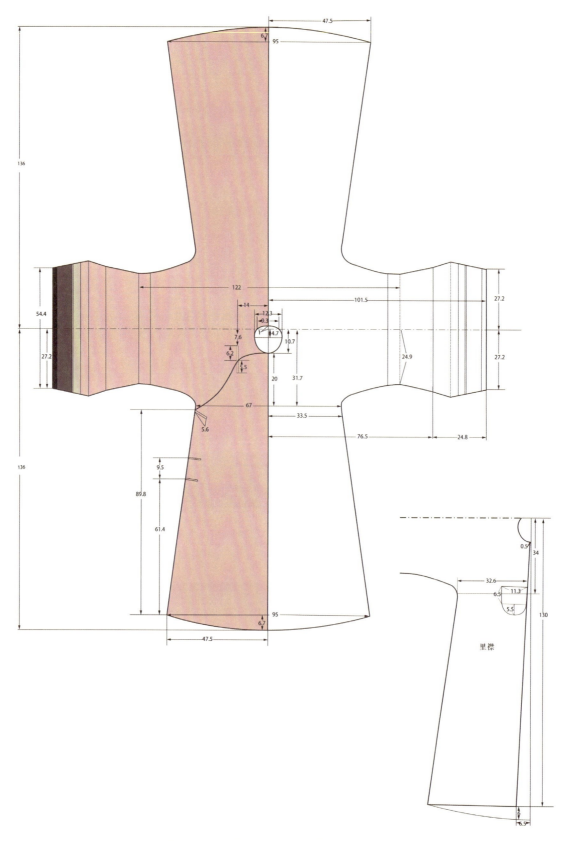

图4-8-1 藕荷纳纱仙鹤梅竹暗团纹衬衣主结构

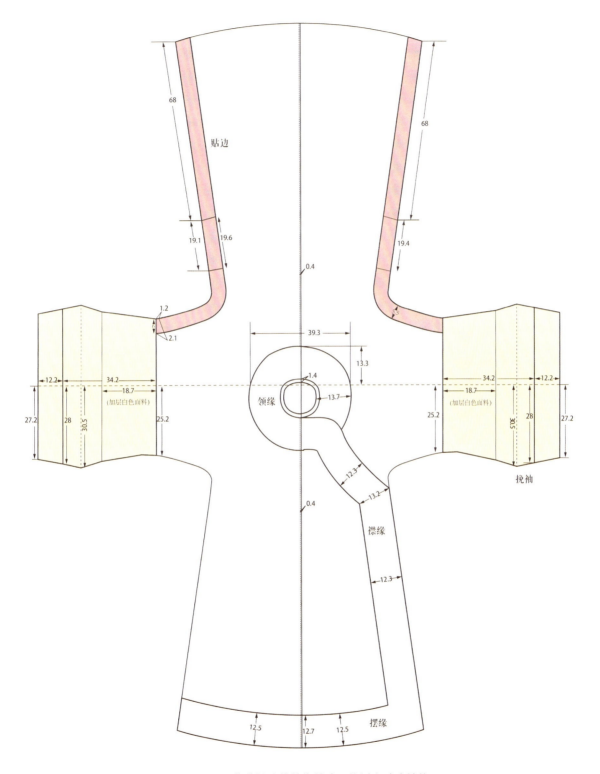

图4-8-2 藕荷纳纱仙鹤梅竹暗团纹衬衣贴边结构

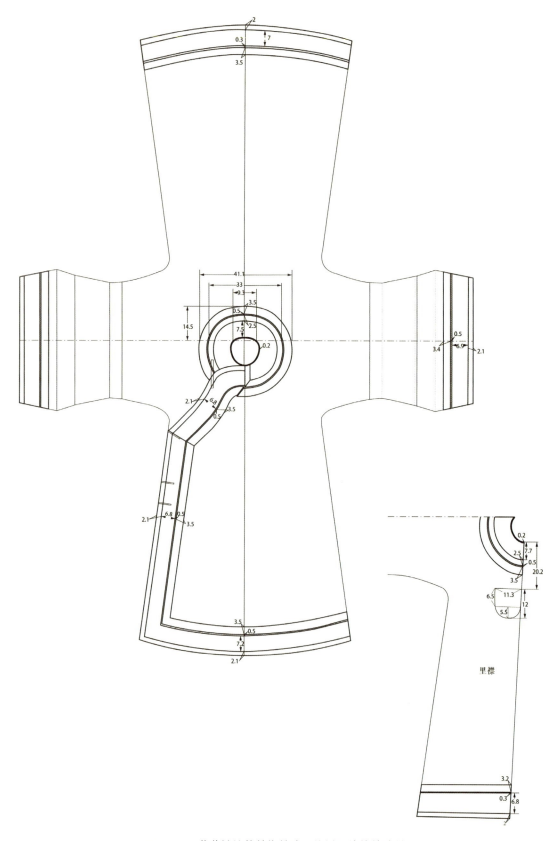

图4-8-3 藕荷纳纱仙鹤梅竹暗团纹衬衣缘饰镶边结构

里襟

考察藕荷纳纱仙鹤梅竹暗团纹衬衣的错襟结构，透过面料可以发现，领襟绣片也是用纳纱面料作基布刺绣的。工艺手法与前例相同，即领缘绣片在前中线位置剪开，形成无作缝切口，所以，通过领襟"Z"字形镶边工艺，既解决了领缘切口的亏损，又起到了通过错襟技艺的无限发挥来表达主人的女德修养与个性的作用（图4-9）。

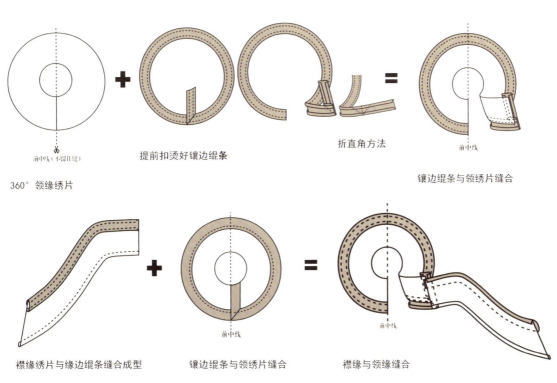

360° 领缘绣片　　　　提前扣烫好镶边绲条　　　　折直角方法　　　　　镶边绲条与领绣片缝合

襟缘绣片与缘边绲条缝合成型　　镶边绲条与领绣片缝合　　　襟缘与领缘缝合

图4-9　藕荷纳纱仙鹤梅竹暗团纹衬衣错襟工艺复原流程

四、绿色纳纱二龙戏珠暗团纹衬衣形制与错襟

1. 绿色纳纱二龙戏珠暗团纹衬衣形制特征

绿色纳纱二龙戏珠暗团纹衬衣，从宽衣阔袖的结构、素雅收缩的缘饰，到舒袖内敛的错襟都表现出明显的汉族风格。但其主流形制没有改变，圆领右衽大襟，五粒鎏金铜扣。绿色纳纱面料，纱织二龙戏珠暗团纹。领襟缘边由外而内分别为元青缎窄绲边，元青地三蓝寿桃花卉纹绣片。与前三例纳纱标本最大的不同是，它没有"Z"字形镶边的错襟样式，错襟以完全暴露的形式呈现，内缘延黄地蓝色碎花绦带。这种暴露式错襟在晚清是十分罕见的。因为不采用"Z"字形镶边，就要走顺襟路线，也就必须采用领和襟的绣片先缝后绣工艺才能使领襟在前中拼接处形成完整纹样，这种耗工耗时还需精湛绣工的工艺用于便服几乎是不可能的，因此顺襟只会出现在礼服中。那么该标本暴露式错襟的出现，可以理解为错襟已经走向没落的表现，抑或是破落贵族的写照（图4-10）。

图4-10-1 绿色纳纱二龙戏珠暗团纹衬衣（正面）

（来源：王金华藏）

图4-10-2 绿色纳纱二龙戏珠暗团纹衬衣（背面）

 　满族服饰研究：满族服饰错襟与礼制

错襟细节

纳纱团纹细节

缘边绣片细节

缘边绦带细节

图4-10-3　绿色纳纱二龙戏珠暗团纹衬衣细节

2.绿色纳纱二龙戏珠暗团纹衬衣信息采集与错襟解析

绿色纳纱二龙戏珠暗团纹衬衣主结构，衣长136.2cm，通袖长175.4cm，前领深8.5cm，后领深0.8cm，领宽10.2cm，袖口宽36.5cm。袖口距中线87.7cm，其中挽袖袖缘宽10.7cm。挽袖可挽可舒，挽袖接布置于袖内，宽34.2cm（见图4-11-2）。底摆宽118cm，底摆翘量11cm。腋下及侧缝贴边宽5cm，摆贴边宽5.3cm，领口贴边7.7cm，大襟贴边7cm，侧摆贴边6.4cm。贴边宽度与正面的缘边绣片宽度相近，用来隐藏固定绣片的手针（图4-11）。

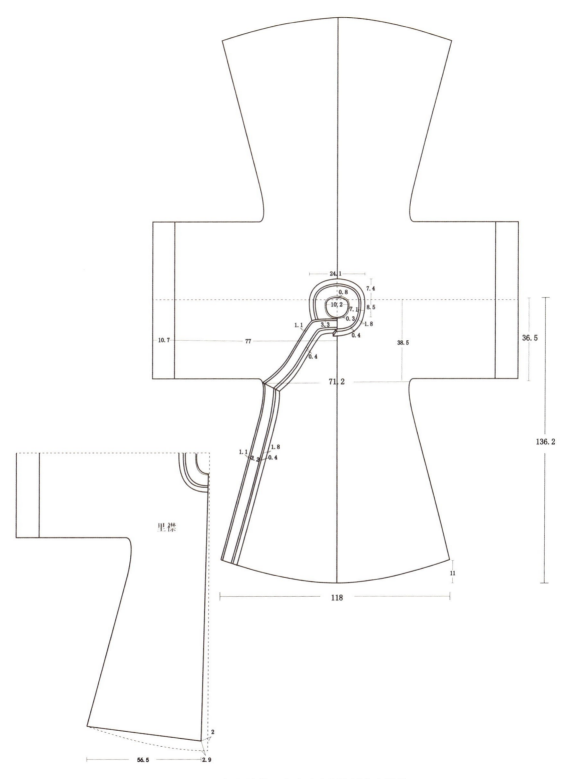

图4-11-1 绿色纳纱二龙戏珠暗团纹衬衣主结构

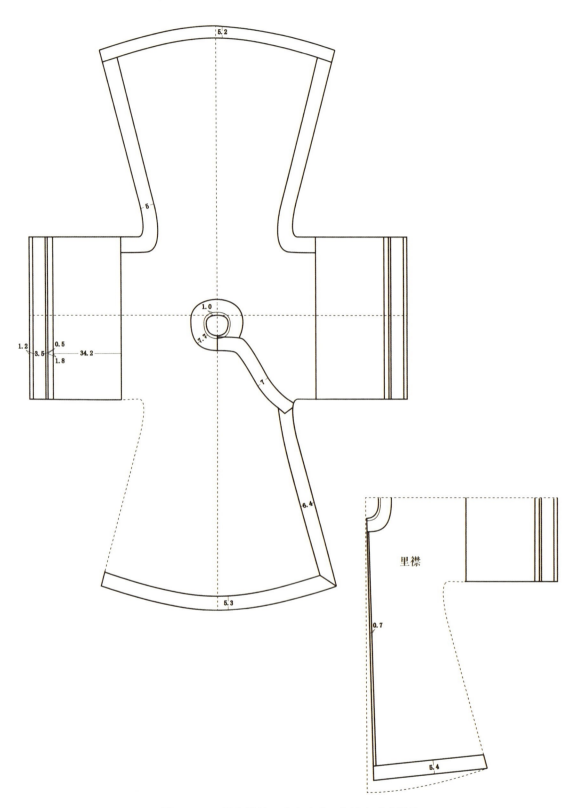

里襟

图4-11-2 绿色纳纱二龙戏珠暗团纹衬衣贴边结构

绿色纳纱二龙戏珠暗团纹衬衣的暴露式错襟就是将不可避免的结构缺陷不加掩饰地表现出来，当然在工艺上也变得简单了。但在技术上会有特殊处理，领襟绣片通过强留作缝缝合，需要上浆处理，这样使剪开的作缝毛边不易散开，便于缝合。三蓝风格的绣片是同治、咸丰时期最为流行的刺绣配色。襟缘外口镶宽边，保证衣物的牢固抗磨，领口绲边与大襟镶边的部位需求不同，所以处理毛边的方法不同，并有各自的工艺手法。领和襟绣片宽窄不一，是由于此处必产生缝口而分绣分制所致，错襟就是将错就错而增加的设计趣味。从技术上看，领襟绣片的错位或对位，都是可以实现的，但顺襟不仅要解决接缝的亏损，还要保证绣片领和襟宽窄一致，更要还原此处的完整纹饰，最好的办法也是最复杂的办法就是先缝后绣，便服也就放弃了此法。增加错襟的设计趣味，既掩盖了问题又产生了装饰效果。最简单的方法，就是暴露式错襟的呈现（图4-12）。

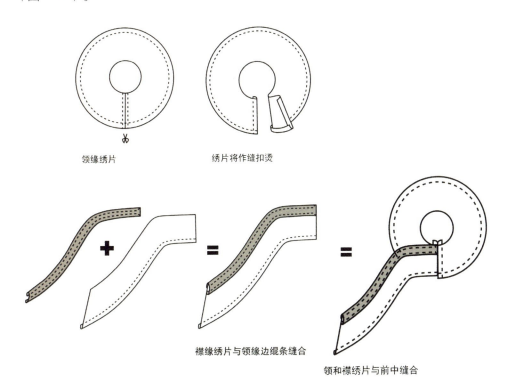

领缘绣片　　　　　　　　绣片将作缝扣烫

襟缘绣片与领缘边绲条缝合

领和襟绣片与前中缝合

图4-12　绿色纳纱二龙戏珠暗团纹衬衣暴露式错襟工艺复原流程

纳纱类便服是错襟研究的突破口，由于面料的通透性，能够辨识错襟隐藏的结构原理和工艺过程，解开领襟宽大纹样复杂缘边出现错襟形制的秘密。通过对纳纱便服结构的系统分析梳理，找到了错襟这种具有时代特征，满俗汉制风格背后的格物致知精神。

　　错襟"腹稿"依托于匠人工艺思维的造物智慧，亦是研究的难点。图像文献与实物相结合重实物的研究方法，使这个难点得以解决。将一手材料与文献进行比较研究，以此深入剖析找出普遍规律，这对于弥补文字记载稀缺具有重要的文献价值。然而这只是一种材料的证据，尽管这种材料提供了有利的证据，但就普遍性而言，不能说它可以代表所有用于便服的材料，而错襟却是普遍存在的。

第五章

缂丝便服实物研究

缂丝又称"刻丝",是中国传统丝绸织绣艺术的精华,是一种挑经显纬极具精湛技艺和观赏性的丝织品。因此,很多情况下它是以欣赏品呈现的,作为服饰面料无疑是奢侈的,故多用在礼服上。宋元以来缂丝一直是皇家御用织物之一,常用于织造帝后服饰、御真(御容像)和摹刻名人画像。由于织造过程极其细致耗时,常有"一寸缂丝一寸金"和"织中之圣"的盛名,在便服中采用缂丝技术实属罕见。

　　晚清缂丝面料开始用在宫廷便服当中,这本身就耐人寻味,朝衰却粉饰的意味明显。清代缂丝的龙袍(吉服袍)尚且稀少珍贵,缂丝便服更成精品。本研究有幸得到王金华先生收藏的三件缂丝便服的支持。这其中传递着三个信息:一是高品质的缂丝便服并不少,否则不会流入民间;二是汉族工匠掌握的高超技艺在满人贵族中备受青睐,甚至成为高贵的标志;三是高品质的面料更为繁缛堆砌的错襟表现提供了前所未有的理由和条件。因此,这一时期的便服已经完全脱离了它原有的含意,氅衣成为慈禧的标志便是这个时代最具标志性的事件。此时错襟已不再是初期遮遮掩掩的状态,而是成为浓墨重彩的时代风尚。

一、蓝色缂丝寿菊纹衬衣形制与错襟

1. 蓝色缂丝寿菊纹衬衣形制特征

蓝色缂丝寿菊纹衬衣是春夏季外穿便服，形制为立领右衽大襟，六粒元青地织金盘扣。便服中出现立领是晚清后期的特征。蓝色缂丝面料的折枝菊花和花卉复合的万字团纹是通过缂丝工艺完成的，也为缂丝工艺增加了难度。领襟缘边由外而内分别为，领口用元青地织金缎窄绲边，酱地折枝菊花和万字团纹绣片，内镶元青地万字曲水织金绦边，在前中折拐连至大襟缘边，呈经典的"Z"字错襟形制，内延齿边粉色地寿桃梅花织金绦带。舒袖口缘边相同。里襟也发现"U"字形贴兜，这种晚清后期的服饰形制也成为了解分期的证据之一。粉色衬里与外观纹案色彩绚烂多姿，寓意吉祥富贵、福寿连绵和繁复的缘饰交相辉映，确是一派歌舞升平的气象（图5-1）。

图5-1-1 蓝色缂丝寿菊纹衬衣（正面）

（来源：王金华藏）

图5-1-2 蓝色缂丝寿菊纹衬衣（背面）

错襟细节

缂丝菊花细节

襟缘绣片细节

"Z"字绦带细节

衬里结构

图5-1-3　蓝色缂丝寿菊纹衬衣细节

2.蓝色缂丝寿菊纹衬衣信息采集与错襟解析

蓝色缂丝寿菊纹衬衣主结构，衣长131cm，通袖长133.8cm，前领深11.4cm，后领深0.4cm，领宽11.2cm，袖口宽18.2cm（平展一半），底摆宽79.7cm，底摆翘量3.9cm。衬里中线左右37.6cm，是用两幅裁得衣身，两侧的补角摆就是证明，左右接袖宽约29.3cm。立领为直线结构，领高9.6cm为超宽类型。综合蓝色缂丝寿菊纹衬衣的结构数据来看，这是明显窄衣窄袖的满人风格，华丽的缂丝纹样和繁复的错襟缘饰与之配合得天衣无缝，大有返祖回潮之势，但突出的立领、隐蔽的贴袋却透露着晚清满族妇女追求个性自由的萌芽（图5-2）。

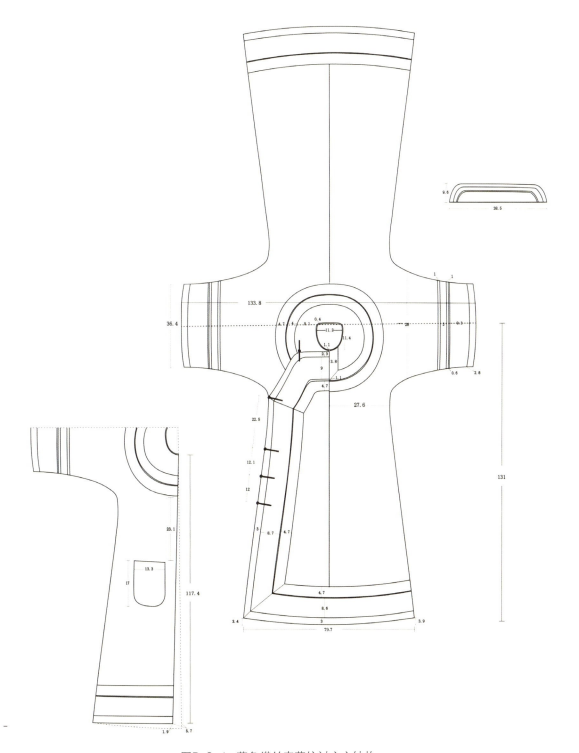

图5-2-1 蓝色缂丝寿菊纹衬衣主结构

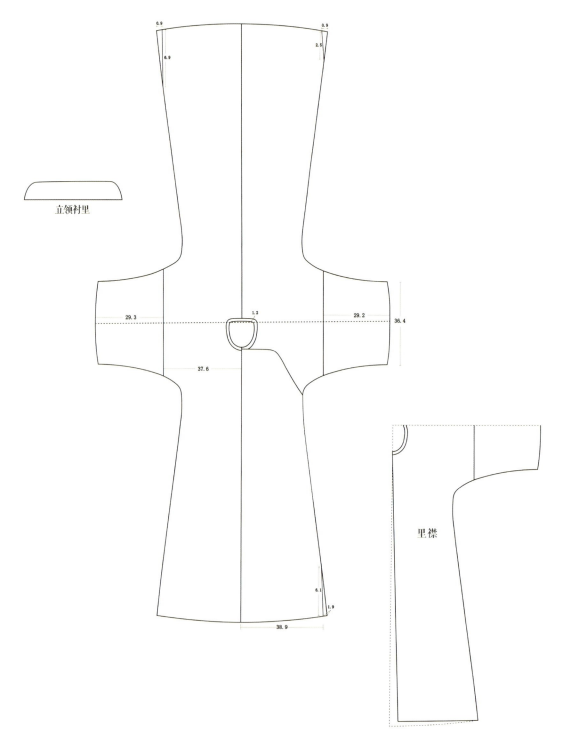

立领衬里

29.3　　　1.2　　　29.2　　36.4

37.6

里襟

6.1

1.9

38.9

图5-2-2　蓝色缂丝寿菊纹衬衣衬里主结构

蓝色缂丝寿菊纹衬衣错襟看上去繁复，是因为用于领襟缘饰的绣片、绦带、织带，甚至领口的绲边都采用花式的结果[1]，但"Z"字形错襟的结构与工艺并未改变。

　　通过对实物的实验性研究发现，错襟的"Z"字镶边是用斜丝绦带扣净内外作缝，所以，绦带内外其实是双层面料，圆形和"Z"字形是连叠不断开的，拐角处的面料厚度多达8层，领和襟缘的绣片必须错开就避开了8层厚度，对角折叠只保留各自8层不会再增加厚度，从而更舒适、更便于缝纫，这或许是领襟上下错位的缘由。而这一出发点与缝制工艺、成品舒适度、作缝厚度的平衡息息相关，从而验证了错襟的实用性远远大于装饰性的本质。从该标本的呈现效果看，"Z"字形镶边的结构与工艺，并不追求宽度的一致性，通常领缘的镶边偏宽，当由"Z"字形转到襟缘镶边时变窄，这也是为了平衡错襟所致。揭示技术是物质文化典型特征的理论（图5-3）。

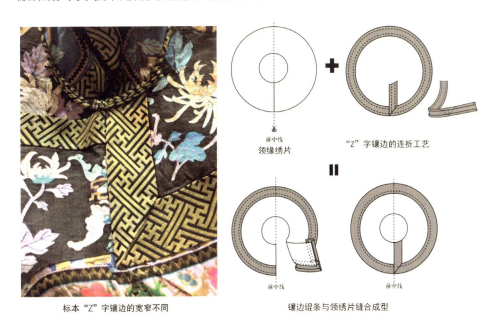

标本"Z"字镶边的宽窄不同　　　　镶边绲条与领绣片缝合成型

前中线
领缘绣片　　　　"Z"字镶边的连折工艺

前中线　　　　前中线

图5-3　蓝色缂丝寿菊纹衬衣错襟工艺复原流程

1　在晚清便服错襟中的标准结构形制，通常"Z"字形绦带镶边采用元青缎，同治朝出现花式错襟也是以方字曲水织金缎为主，并与元青缎形成通制，一直影响到光绪朝而达到顶峰。这个标本就是此时的典型代表（参见表3-2）。

二、杏黄色缂丝蹲兰蝴蝶纹衬衣形制与错襟

1. 杏黄色缂丝蹲兰蝴蝶纹衬衣形制特征

杏黄色缂丝蹲兰蝴蝶纹衬衣是春夏外穿便服，形制为圆领右衽大襟，挽袖可舒可挽以挽为主，领襟五粒鎏金铜扣。面料以杏黄色作底缂丝蹲兰、折枝兰花和蝴蝶纹，并严格对称分布，技艺精湛绝伦。领襟缘边由外而内为，领口青色缎窄绲边，绣片换成三织带：三蓝齿形渐变纹织带、蓝色万字曲水织带和三蓝齿形渐变纹织带，最内缘镶边也采用花卉织带。这种没用宽大绣片，只用较窄的织带堆成的领襟缘边，可以实现部分顺襟，形成了该标本暗整明错的独特风格。也就是原来领襟的绣片换成织带，使处理成顺襟变得容易，但总的领襟比襟缘要宽，使内缘连接时仍要处理成错襟，表现出工匠的高超智慧。这无疑在证明该标本非富即贵的出身（图5-4）。

领襟细节

图5-4-1　杏黄色缂丝蹲兰蝴蝶纹衬衣和错襟细节（正面）

（来源：王金华藏）

蹲兰纹缂丝细节　　蓝地万字纹曲水纹织带细节　　渐变纹织带细节　　花卉纹织带细节

图5-4-2　杏黄色缂丝蹲兰蝴蝶纹衬衣背面和细节

2. 杏黄色缂丝蹲兰蝴蝶纹衬衣信息采集与错襟解析

杏黄色缂丝蹲兰蝴蝶纹衬衣主结构，衣长139.5cm，通袖长177.4cm，从前中线到接袖线59.2cm，说明一个布幅为60cm左右，主身由两个布幅裁成。前领深10cm，后领深0.5cm，领宽10cm。袖口宽39.5cm，挽袖舒展状态半袖长88.7cm。衣服底摆宽106.3cm，翘量10.5cm。杏黄色缂丝蹲兰蝴蝶纹衬衣的衬里，左右衣身最宽处35.4cm，配合挽袖的接袖36cm，说明它们用了四个布幅裁成，且衬里面料相较外表面料（60cm）要窄，这从衬里四个补角摆得到证实。衬里为了配合面布加长的挽袖，在衣身和接袖之间补充了14.8cm的拼接袖。从衬里裁剪的数据和结构形态来看，并没有因为缂丝衬衣出于高贵的设计而放弃节俭的传统。事实刚好相反，错襟如此费尽心思也正是在解决结构缺陷的同时，又不露痕迹地创造了一个最具性价比的节俭艺术，该标本或许表达得更加充分（图5-5）。

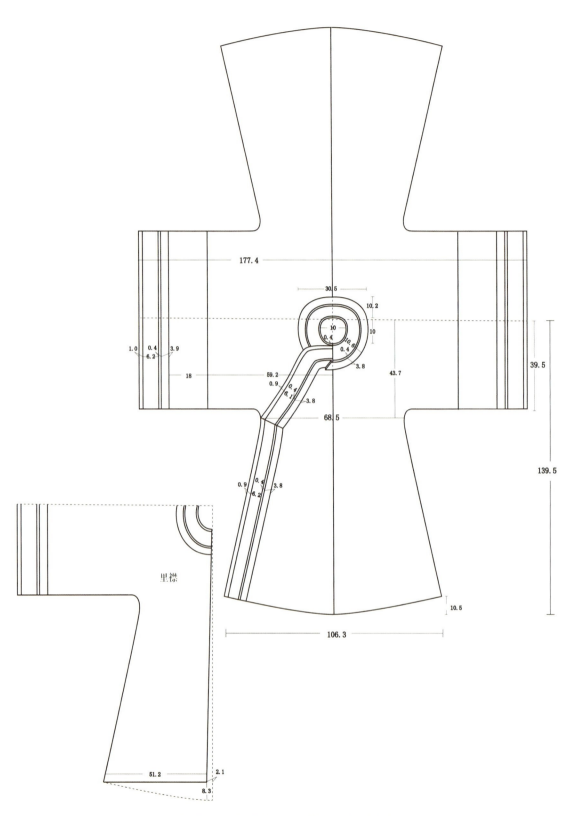

图5-5-1 杏黄色缂丝蹲兰蝴蝶纹衬衣主结构

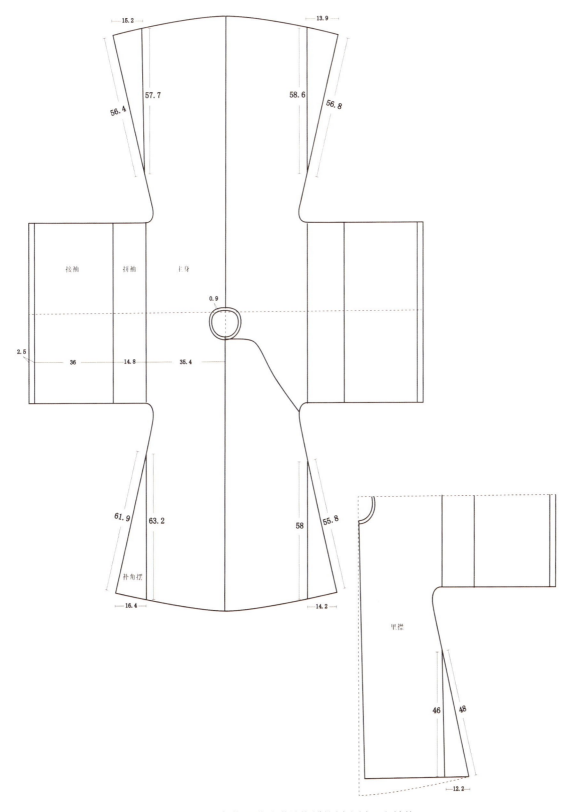

图5-5-2　杏黄色缂丝蹲兰蝴蝶纹衬衣衬里主结构

杏黄色缂丝蹲兰蝴蝶纹衬衣错襟暗整明错的结构形制，其最大的特点是放弃了"Z"字镶边工艺，解决错襟的办法是将较宽的绣片换成了较窄的织带。缘边是由内外窄中间宽的织带组合而成，共约6.4cm，中间蓝地万字曲水织带最宽也只有3cm左右，围绕领口，织带可以通过归拔抽褶烫成弧形，虽然有一定难度，但不存在作缝缺失和绣片图案的拼整问题。领襟镶边做工考究，暗整明错三合带分别为三蓝齿形渐变纹织带，蓝地万字曲水织带和三蓝齿形渐变纹织带。由于襟缘边上镶蓝色绲边，领缘中的三蓝齿形渐变纹织带上下避之均有插角，将领缘镶边加宽，因此内延织带在领和襟的中间形成"Z"形折拐，工艺上需要将裁减成插角的织带折净扣烫，形成视觉错落有致的装饰风格。在晚清没有"Z"字镶边的便服很少见，该标本不追求错襟的工艺和整体色调，纹饰和缘边具内敛风格，是极具满女汉风味道的经典之作（图5-6）。

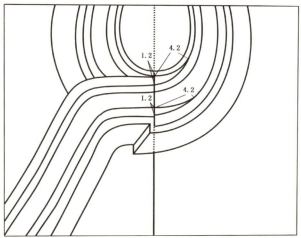

图5-6　杏黄色缂丝蹲兰蝴蝶纹衬衣领襟的暗整明错

错襟在晚清已形成满族妇女便服体系中的审美风尚，与汉族文化中的"形求完满"的审美大相径庭。因此，"暗整明错"在同时期的汉族妇女便服中几乎从未出现过，不仅淡化错襟，解决结构缺陷问题只通过"Z"字形镶边，且绣片和镶边也少有纹饰，可谓"暗整明也整"，这或是判断满汉错襟的密语（图5-7）。

满族错襟的外溢设计　　　　　　　　　　　　汉族错襟的收敛设计

图5-7　满汉错襟的比较
（来源：王金华藏，京服装学院民族服饰博物馆藏）

三、黄色缂丝兰花蝴蝶纹氅衣形制与错襟

1.黄色缂丝兰花蝴蝶纹氅衣形制特征

黄色缂丝兰花蝴蝶纹氅衣与杏黄色缂丝蹲兰蝴蝶纹衬衣有异曲同工之妙：它们都是缂丝，有尊贵的身世；它们同呈内敛的秀雅风尚；错襟一个暗整明错，一个明整暗错，都是汉儒追求的闺秀女德，然而它们皆是地道的满袍。其形制是标准的圆领右衽大襟，四个元青色盘扣，典型的满族窄衣窄袖结构。面料为黄地缂丝兰花蝴蝶纹，领襟缘边由外而内分别为，元青地织金缎窄绲边，白地八仙蝠鹤云纹绣片，内镶元青色绦带，至前中折拐连至大襟镶边，是经典的"Z"字错襟，最内沿元青地蝴蝶纹织带呈顺襟形式，故明整暗错。标本挽袖更讲究，挽袖缘边与领襟镶边组配相同，与此拼接的底布为白地兰花蝴蝶纹缂丝，与面料纹案的缂丝相同但底色不同。这种不惜工本用挽袖底布作缂丝处理，结合融于主体的兰花蝴蝶纹，显然是在强化女红的绣艺教养；而缘边八仙蝠鹤云纹象征福寿安康的儒家文化又是在祈祝前程似锦；青翠绿色的衬里，或是记述着游牧传统的过往（图5-8）。

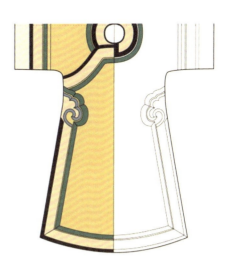

图5-8-1 黄色缂丝兰花蝴蝶纹氅衣（正面）

（来源：王金华藏）

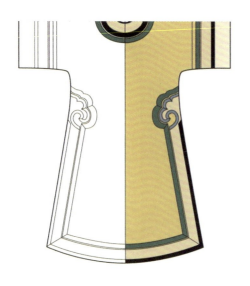

图5-8-2 黄色缂丝兰花蝴蝶纹氅衣（背面）

错襟细节

缂丝结构　　　　　缘边绣片细节　　　　　缘边织带细节　　　　　衬里结构

图5-8-3　黄色缂丝兰花蝴蝶纹氅衣细节

2.黄色缂丝兰花蝴蝶纹氅衣信息采集与错襟解析

　　黄色缂丝兰花蝴蝶纹氅衣主结构，衣长134.5cm，通袖长124.8cm，前领深10.5cm，后领深0.5cm，领宽11.6cm。袖口宽26cm，处理袖缘的挽袖部分23.3cm。底摆宽91cm，翘量9cm。黄色缂丝兰花蝴蝶纹氅衣衬里最宽处37cm，衬里挽袖是用14.4cm、4.4cm和6.6cm宽的三种面料拼接而成，这正是通过挽袖的大小表达"丰富人生"个性的一个侧面。值得注意的是，衬里在用足里料幅宽的基础上，底摆不足部分，刚好在裁剪袖腋的空隙里补充，故称补角摆[1]，这种处理方法和杏黄色缂丝蹲兰蝴蝶纹衬衣如出一辙。不仅如此，在所研究的便服标本中，甚至本研究课题所涉及的礼服样本中也都无一例外地遵守这个原则。那么在标本的结构复原中为什么没有发现，因为面料幅宽够大不会出现补角摆，或很小。实物研究表明，有三种情况是看不到补角摆的：一是面料相对里料幅宽较充分可以满足底摆宽尺寸；二是底摆宽度尺寸根据面料幅宽而定；三是面料主结构产生的补角摆，通过便服宽大的缘饰镶边被掩盖了。因此，裁缝节俭的匠艺精神是有深厚传统的，"俭以养德"或成为中华民族天人合一的基因之一，便服普遍存在的补角摆和错襟就是生动的实证（图5-9）。

---

1 补角摆：博袖宽衣的衣摆由于布幅的宽度所限，而增加插角补正亏量的传统技法。

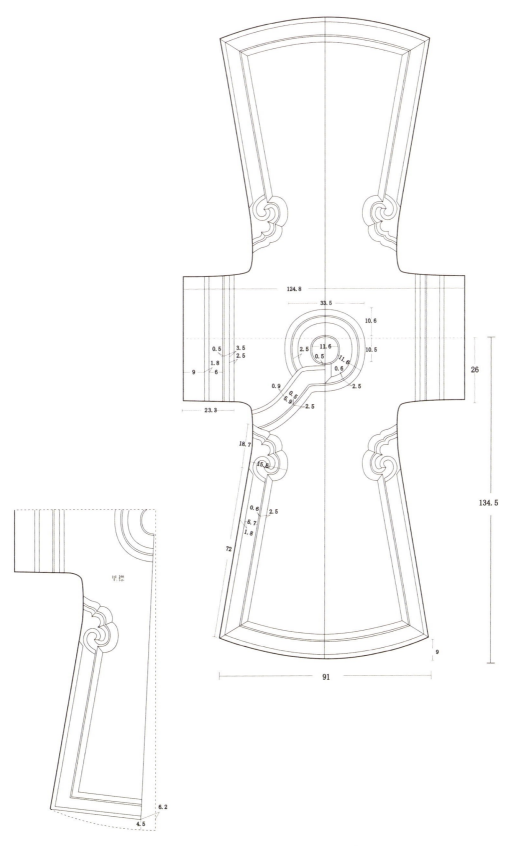

图5-9-1 黄色缂丝兰花蝴蝶纹氅衣主结构

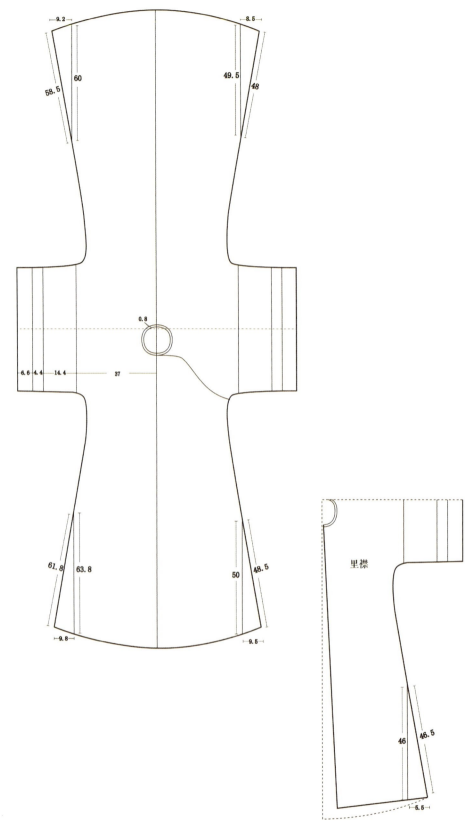

图5-9-2 黄色缂丝兰花蝴蝶纹氅衣衬里主结构

黄色缂丝兰花蝴蝶纹氅衣错襟的明整暗错是学习汉人形求完满的结果。然而在实践过程中并不是精神层面的，而是从解决实际问题出发，它的骨子里是"技术的"，是为了解决施于领襟的宽缘必失作缝的问题。该标本同样不能摆脱 "Z"字镶边用斜丝绦带扣净毛边，用归拔工艺折叠不断的整型技术，暗错由此产生。必失作缝通过"Z"字镶边技术得以解决。但求圆满的意愿也不能失去，在技术上保持领和襟拼接顺畅且又不破坏绣片图案的完整性，"Z"字的襟缘镶边变窄，真可谓技献霓裳（图5-10）。

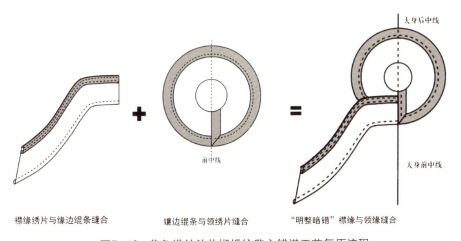

　　襟缘绣片与缘边绲条缝合　　　镶边绲条与领绣片缝合　　"明整暗错"襟缘与领缘缝合

图5-10　黄色缂丝兰花蝴蝶纹氅衣错襟工艺复原流程

缂丝便服是清代将中华传统的织造技艺呈现最后辉煌的体现，其满汉文化融合的痕迹，凸显着满俗汉制的深刻性。缂丝便服错襟在形式上提供了更多种类的可能性。在费工费时的缂丝便服里有标准错襟，也有明整暗错、明错暗整等精致形态。而这一切都出现在满族妇女的便袍中，无疑会提出这样的问题，错襟源于汉"缘制"却满奢汉寡，错襟满俗汉制但并非无"制"，并且出现便用礼废、女存男弃的情况。回答这些问题或许还需要更多的实物证据。

第六章

绸缎类便服实物研究

在晚清满族妇女便服中，高级的缂丝、纳纱织物并不少见，还有独特织造工艺的漳绒。在面料中，绸缎可以说是便服最普通的材料。面料根据不同的质地特征，又适用于相应的季节。缂丝和绸缎用于春夏季，纳纱用于盛夏，漳绒用于秋冬季。但无论如何，棉和麻这些朴素的面料不在便服的范围之内，绸缎是入围的最低门槛。可见晚清满人便服的所有元素都不能用今天的概念去解读。

一、红色绸绣蝶恋花纹氅衣形制与错襟

1. 红色绸绣蝶恋花纹氅衣形制特征

红色绸绣蝶恋花纹氅衣形制，为标准的圆领右衽大襟形制，四粒鎏金铜扣。与之前的便服不同，红绸中的蝴蝶与花卉纹样是后绣上去的。换句话说，前例纳纱和缂丝的便服纹样是织上去的。纹样尽管是散点式排布，但左右纹样沿中线严格对称，只在局部颜色有变化，很是耐看。标本无衬里料，用于春夏季。领襟缘边由外而内分别为，元青色窄绲边，元青地三蓝梅兰竹菊纹绣片，紧贴绣片镶元青地连珠纹织带，内缘镶白地蝴蝶菊花纹织带。领缘绣片宽于襟缘绣片，在前中形成错襟但并没有用"Z"字绦带处理，此为错襟的早期风格。这其中还有一个重要信息，样本只有侧摆云头缘边，衣摆没有，这种氅衣缘边形制大量出现在道光朝；到同治朝，完整摆缘镶边和两侧摆缘镶边共治；到了光绪朝，完整摆缘镶边成了绝对主导，也是伴随错襟达到鼎盛的重要标志。标本挽袖为白地绸绣三蓝蝴蝶花卉纹，袖缘镶边格式与领缘统一。氅衣整体色彩绚丽，身、袖缘纹案交相辉映，三蓝运用又显宁谧典雅，这也是早期缘边与错襟整体简素的时代特征（图6-1）。

图6-1-1 红色绸绣蝶恋花纹氅衣（正面）

（来源：王金华藏）

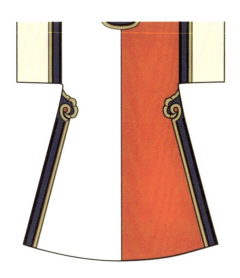

图6-1-2 红色绸绣蝶恋花纹氅衣（背面）

满族服饰研究：满族服饰错襟与礼制

错襟细节

红绸地绣花细节

绣片细节

织带细节

挽袖绣花细节

图6-1-3 红色绸绣蝶恋花纹氅衣细节

2.红色绸绣蝶恋花纹氅衣信息采集与错襟解析

红色绸绣蝶恋花纹氅衣结构，衣长139.7cm，通袖长122.5cm，前领深10cm，后领深0.3cm，领宽10.9cm。袖口宽36cm，挽袖折边用手针牵缝，说明该标本只作挽袖不做舒袖。衣服底摆宽115cm，翘量9.5cm。红色绸绣蝶恋花纹氅衣不作衬里，必加贴边以覆盖毛边，腋下贴边宽5.7cm，底摆贴边宽6.8cm，领口贴边自后中6.8cm到前中顺成7.3cm，大襟贴边7.5cm，如意云头处补半圆形贴片。贴边宽度是对应正面的镶边设计的，用来隐藏固定镶边的针脚。领口绲边翻折到背面宽度0.9cm。该标本用绸织物，特别要防止裁边脱纱，又没有衬里的保护，因此贴边的工艺处理大为重要。由于面布偏薄，贴边在转角处多不用折叠手法，而是单边单裁，这样的工艺处理既简单又平顺（图6-2）。

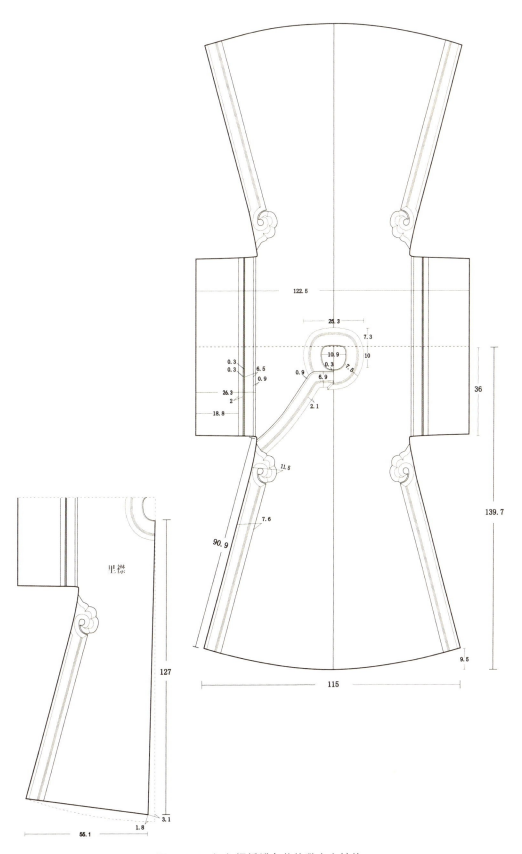

里襟

图6-2-1 红色绸绣蝶恋花纹氅衣主结构

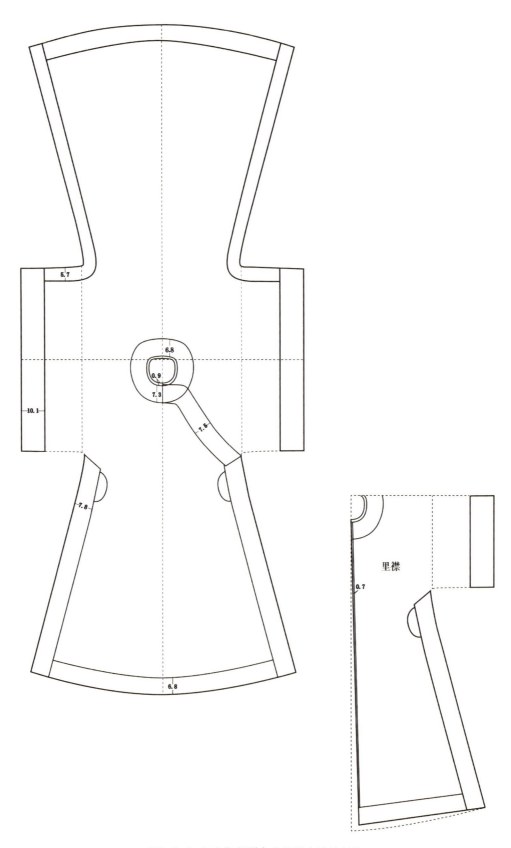

图6-2-2 红色绸绣蝶恋花纹氅衣贴边结构

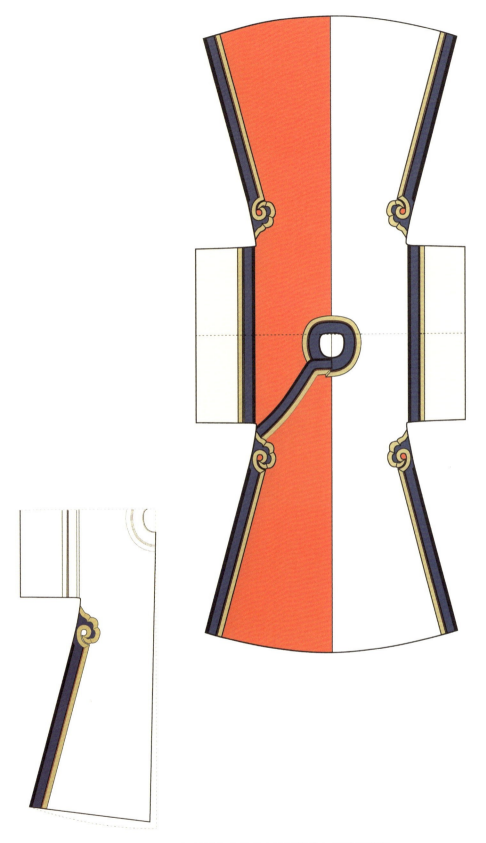

图6-2-3 红色绸绣蝶恋花纹氅衣面料缘边与挽袖示意图

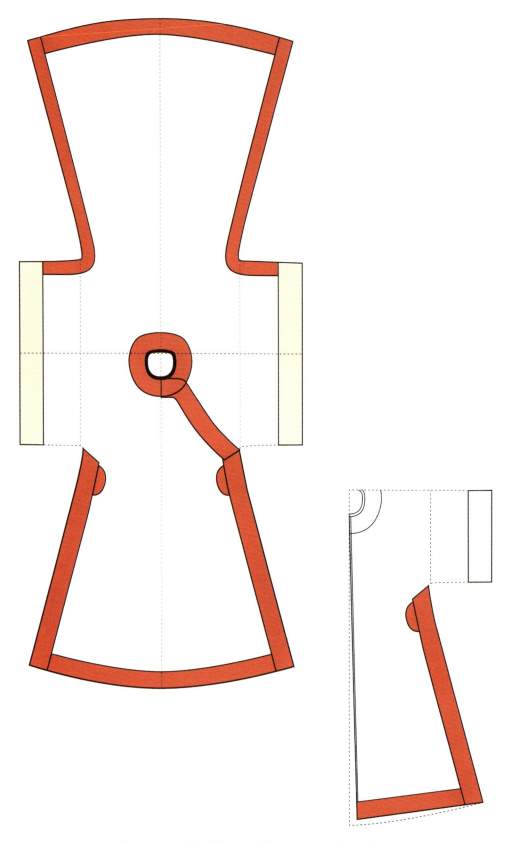

图6-2-4 红色绸绣蝶恋花纹氅衣贴边与内挽袖示意图

　满族服饰研究：满族服饰错襟与礼制

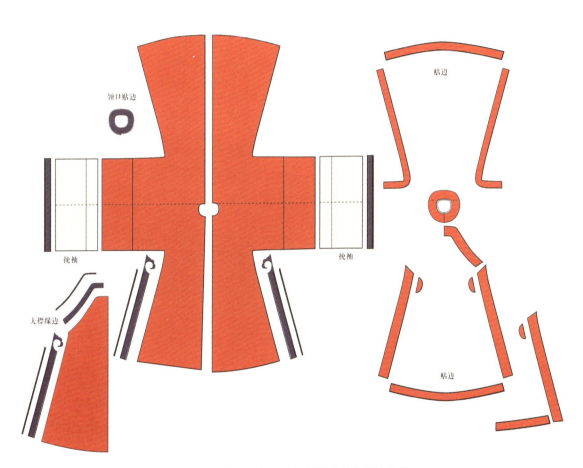

領口貼边

挽袖

挽袖

大襟缘边

貼边

貼边

图6-2-5　红色绸绣蝶恋花纹氅衣结构拆片示意图

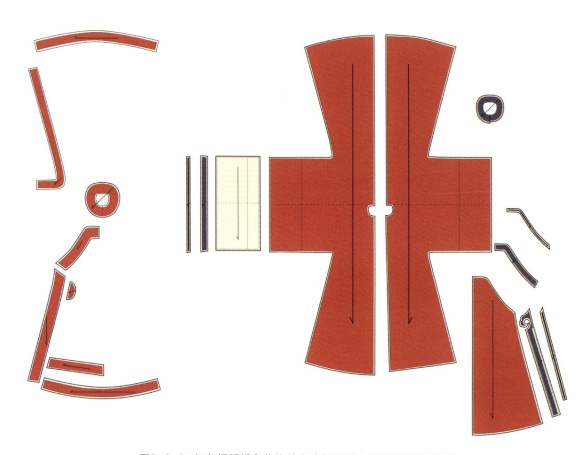

图6-2-6 红色绸绣蝶恋花纹氅衣分解毛样（对照拆片示意图）

红色绸绣蝶恋花纹氅衣不采用"Z"字镶边错襟，或许是与提高领襟平顺度有关，但带来的就是暴露错襟缺陷的风险。领襟绣片通过强留作缝的方式，但需要领襟绣片作上浆处理，这样使得剪开的毛边不易脱散，便于缝合，使领和襟在前中暴露接缝，又没有很好的刺绣纹样的整形处理，确显简陋。三蓝刺绣是同治、咸丰时期流行的刺绣风格。襟缘外口镶黑色宽边，领口绲窄边，它们虽都起到加固抗磨作用，但大襟与领口部位需求不同，所以处理方法不同，也是促使错襟产生的原因之一。自然领襟绣片宽窄不一，标本没有用内"Z"字镶边覆盖，而是用外延镶边的"Z"字设计，增加趣味。从原理上说，领和襟绣片错位或对位在工艺上都是可行的。标本采用领缘绣片的直接错位拼缝，一种推测是领和襟绣片纹样随意且无主纹，另一种推测是襟缘与领缘绣片错位且不加"Z"字镶边，可以大大减少厚度，只在外围和织带处理上强调错襟的趣味设计（图6-3）。

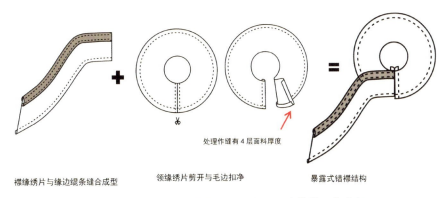

襟缘绣片与缘边绲条缝合成型　　　　领缘绣片剪开与毛边扣净　　　　暴露式错襟结构

图6-3　红色绸绣蝶恋花纹氅衣暴露式错襟工艺流程

二、杏黄色提花绸花草纹衬衣形制与错襟

1.杏黄色提花绸花草纹衬衣形制特征

杏黄色提花绸花草纹衬衣形制为立领右衽大襟，五粒鎏金铜扣，立领固扣是一粒蓝色绸料盘扣。本立领形制在采集的四例绸缎便服标本中是唯一的，还有缂丝一例（见图5-1）和漳绒一例（见下一章），也就是说本研究丰富的便服标本中只有三例是立领形制，其他都是圆领。这说明立领形制是清末更晚的时候才流行的，清末民初的立领右衽大襟旗袍正是继承了这种基因。更值得注意的是，它很可能承袭的是汉制，因为早在明代，具有标志性的立领右衽大襟女袍就出现了，且有出土发现。该标本面料为杏黄色回字卷草团纹提花绸，确有汉人风格，并与宽袍大袖的结构相得益彰，可以说是满俗汉制的典型之作。领襟缘边由外而内分别为，立领边和领圈用蓝色绸料绲边，元青地三蓝圆形花卉绣片，镶"Z"字蓝色绸料绦带，前中对角折连至大襟镶边，最内沿紫地杂宝织带，由此它们共同构成经典的错襟结构形制。挽袖属可挽可舒类型，袖端挽袖面料为白地三蓝圆形花卉纹，与缘边和面料的花卉团型纹样交相辉映，寓意圆满连绵吉祥永长。粉色绸作衬里成为夹袍，说明它是春秋季的便服。错襟中用蓝绸作"Z"字镶边却不多见（图6-4）。

错襟细节

图6-4-1　杏黄色提花绸花草纹衬衣和错襟细节（正面）

（来源：王金华藏）

面料提花结构　　　　　挽袖绣花细节　　　　　　绣片细节　　　　　　衬里结构

图6-4-2　杏黄色提花绸花草纹衬衣背面和细节

2.杏黄色提花绸花草纹衬衣信息采集与错襟解析

杏黄色提花绸花草纹衬衣结构，衣长137.4cm，通袖长122cm，前领深9.2cm，后领深0.8cm，领宽10.8cm，袖口宽47.2cm，衣服底摆宽109.3cm，翘量11.3cm。衬里结构接袖拼缝距中线36.8cm，包括挽袖的接袖部分为43cm。领口绲边翻折到内侧的宽度为1cm，外侧绲边只有0.4cm。从面料和衬里的结构数据来看，明显有汉人宽袍阔袖的风尚。衬里幅宽在37cm~43cm之间，此面料幅宽（55cm左右）窄。值得注意的是，袍服阔摆用窄幅裁剪使衬里结构的补角摆凸显出来。这传递了两个重要的信息：一是充分利用布幅的节俭理念，甚至不惜牺牲美观；二是节俭不意味着没有尊卑观念，所以不那么美观的补角摆会用在衬里。在面料布幅不够宽时也会出现补角摆，会利用宽大的缘边遮盖。这在袍服结构研究中得到实证，确是俭以养德与尊卑观博弈的中华智慧，即修德和礼制的平衡（图6-5）。

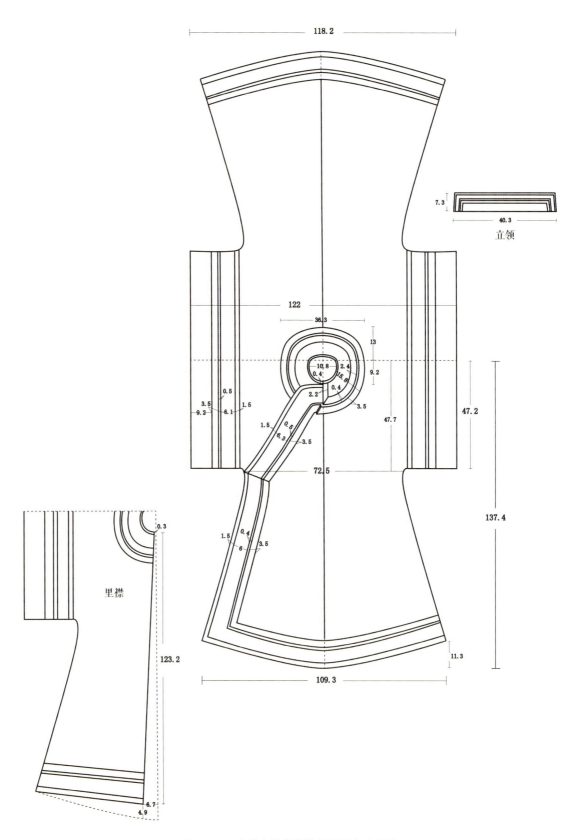

118.2

立领

7.3

40.3

122

36.3

13

10.8   2.4

0.4   16.8

9.2

0.5

3.5   1.5

9.2   6.1

2.2   0.4

3.5

1.5   0.5

6.3   3.5

47.7

47.2

72.5

137.4

1.5   0.4

6   3.5

里襟

0.3

123.2

11.3

109.3

6.7
4.9

图6-5-1 杏黄色提花绸花草纹衬衣主结构

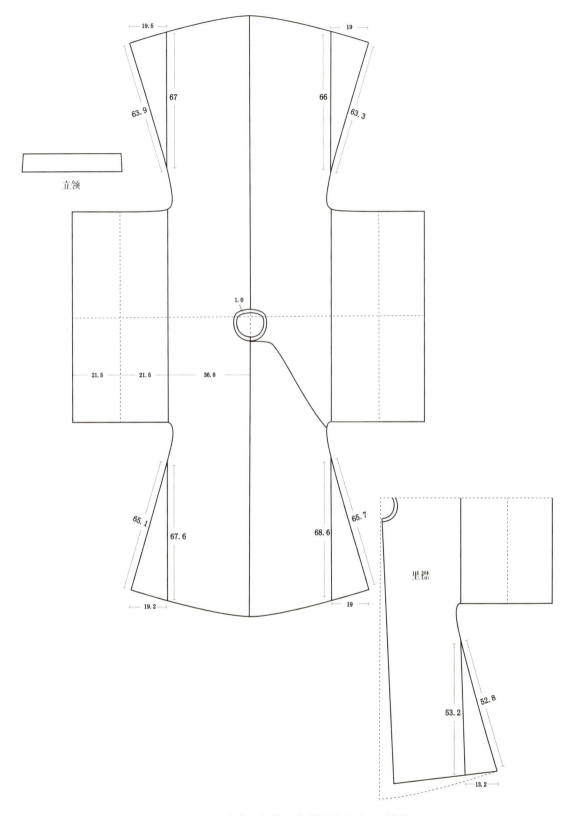

立领

1.0

19.5   19

67   66

63.9   63.3

21.5   21.5   36.8

65.1   65.7

67.6   68.6

19.2   19

里襟

53.2   52.8

13.2

图6-5-2 杏黄色提花绸花草纹衬衣衬里主结构

杏黄色提花绸花草纹衬衣标本的"Z"字镶边存在破口，从中发现领缘绣片前中切口的毛边，它缺失的作缝是用"Z"字镶边遮蔽并得到补充，而缝于里襟的领缘绣片毛边，相对会得到作缝可以通过折叠扣烫毛边，这就是错襟的构建机制。这是360°领缘绣片作缝亏缺，用"Z"字镶边来遮蔽毛边形成的错襟。蓝色"Z"字镶边需要上浆，一来作缝毛边不易散开，二来"Z"字镶边被固化，加上绣片与镶边的花元素、色与色的对比，从而产生强烈的视觉焦点（图6-6）。

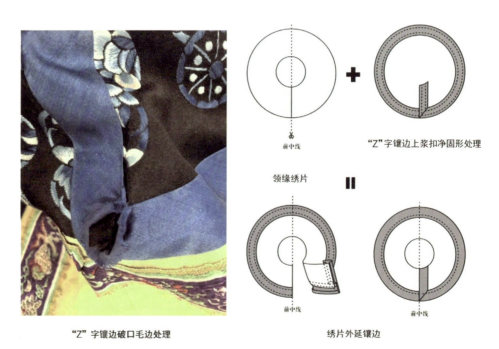

"Z"字镶边破口毛边处理　　　　　　　　　绣片外延镶边

图6-6　杏黄色提花绸花草纹衬衣错襟工艺复原流程

三、粉色提花绸二龙戏珠团纹衬衣形制与错襟

1.粉色提花绸二龙戏珠团纹衬衣形制特征

粉色提花绸二龙戏珠团纹衬衣无衬里，是春夏便服。其形制为圆领右衽大襟，五粒鎏金铜扣。面料为二龙戏珠暗团纹提花绸。领襟缘边由外而内分别为，元青色绲边，元青地三蓝兰花蝴蝶纹绣片，内镶元青色缎"Z"字镶边，呈典型错襟形制，内延白地对鸟纹织带。挽袖外端接袖为白地绣彩蝶兰花绸。标本无衬里处理，贴边规整，确有匠作的精心考虑。面料的二龙戏珠暗团纹、织带的对鸟纹和领襟缘边与挽袖的兰蝶花纹，营造出烘云托月的秀女形象，不难看出儒家文化在满俗传统中的深刻影响，从宽袍大袖的整体风格到内敛的修身气质，用兰蝶花纹赋予了女德的品格（图6-7）。

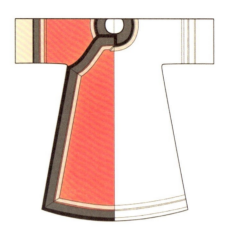

图6-7-1　粉色提花绸二龙戏珠团纹衬衣（正面）

（来源：王金华藏）

图6-7-2　粉色提花绸二龙戏珠团纹衬衣（背面）

错襟细节

面料团纹细节

织带对鸟纹细节

绣片细节

挽袖细节

图6-7-3　粉色提花绸二龙戏珠团纹衬衣细节

2. 粉色提花绸二龙戏珠团纹衬衣信息采集与错襟解析

粉色提花绸二龙戏珠团纹衬衣结构，衣长137.8cm，通袖长135.7cm，前领深9.6cm，后领深0.5cm，领宽12.4cm，袖口宽33.2cm。衣服底摆宽99cm，底摆翘量7.4cm。粉色提花绸二龙戏珠团纹衬衣无衬里，反面毛边用贴边加固，为配合领襟缘边工艺领襟贴边相对要宽，领口贴边9.4cm，大襟贴边8.6cm，侧襟贴边9cm。腋下、侧摆和底摆贴边只起加固作用，相对较窄，腋下侧摆为5.2cm，底摆为6.8cm。

粉色提花绸二龙戏珠团纹衬衣为典型的错襟形制与工艺。与大多数情况不同的是，该标本错襟的"Z"字镶边较窄，这对遮蔽绣片在前中切口的毛边不利，且又增加了工艺难度。因此，粉色提花绸二龙戏珠团纹衬衣的表面缘饰看似朴素内敛，从错襟的实际表现来看并非如此，从内贴边规整的处理来看，完全不亚于纳纱面料，但提花绸并不透光。

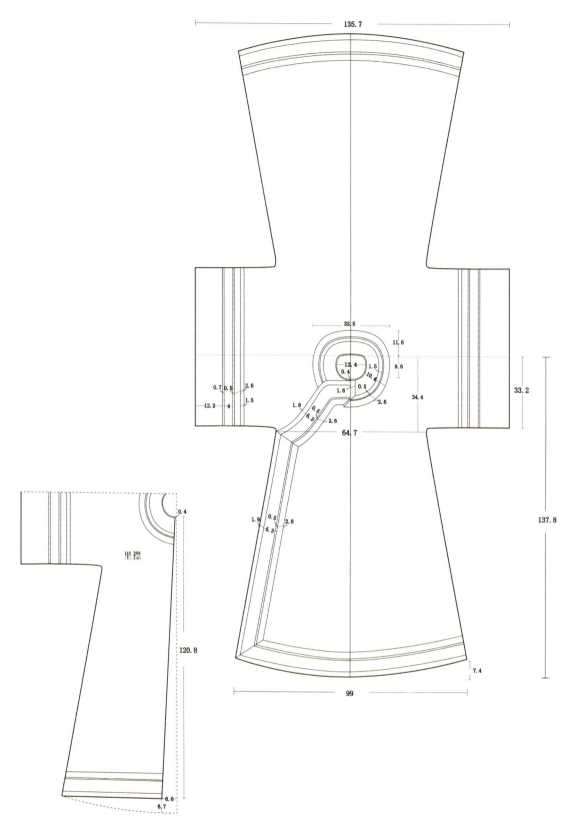

图6-8-1 粉色提花绸二龙戏珠团纹衬衣主结构

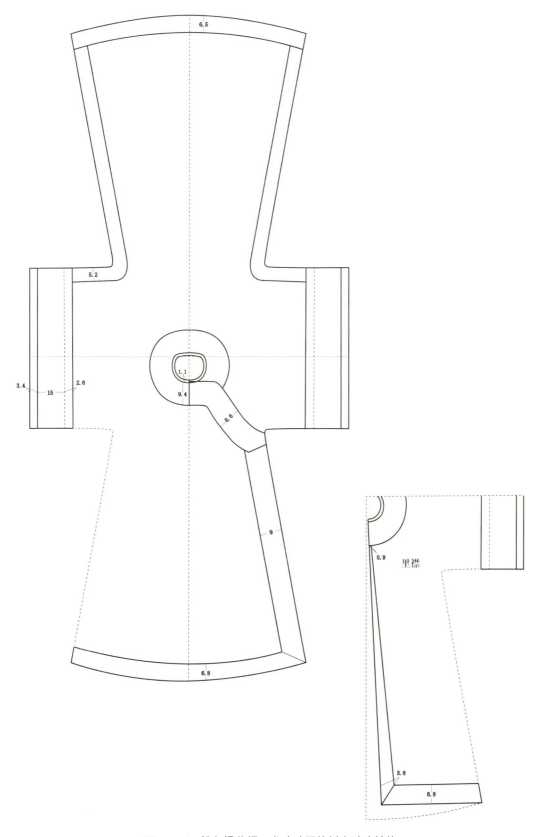

图6-8-2 粉色提花绸二龙戏珠团纹衬衣贴边结构

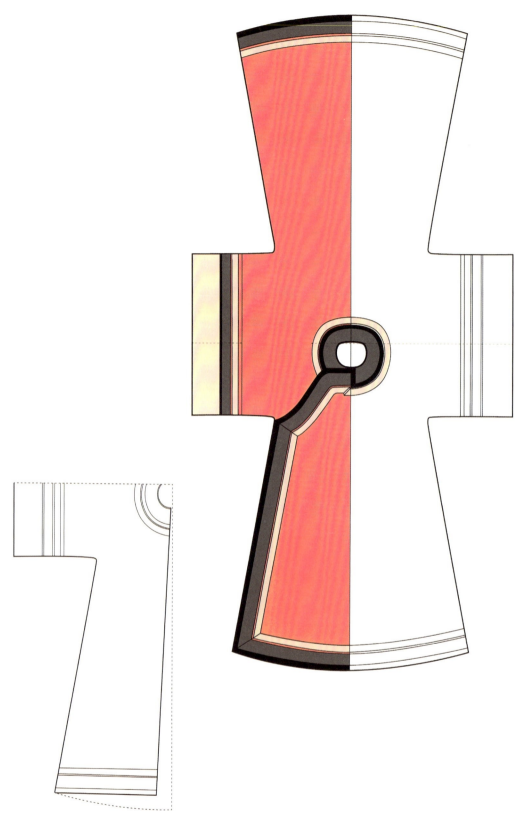

图6-8-3 粉色提花绸二龙戏珠团纹衬衣面料与缘边示意图

 178 满族服饰研究：满族服饰错襟与礼制

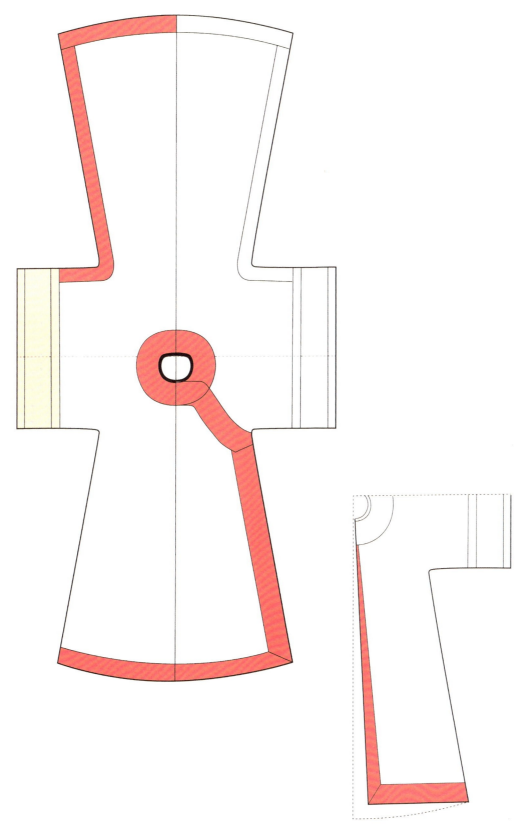

图6-8-4　粉色提花绸二龙戏珠团纹衬衣贴边与挽袖示意图

四、紫色缎绣葫芦花蝶纹氅衣形制与错襟

1. 紫色缎绣葫芦花蝶纹氅衣形制特征

紫色缎绣葫芦花蝶纹氅衣无衬里，为春夏便服。该标本在采集的绸缎便服中是最华丽的一个，主要表现在领襟缘饰上，其中花式"Z"字镶边深谙错襟艺理。标本为典型的氅衣形制，圆领右衽大襟，四粒元青地织金盘扣。面料为紫色缎料，散点满绣"福禄寿吉万字"葫芦彩蝶纹。领襟缘边由外而内分别为，元青地织金缎绲边，白地蝴蝶花卉纹绣片，内镶"Z"字元青地万字曲水织金绦边，是经典的错襟形制，内延织金齿纹边白地花卉织带。挽袖缘边格式与领襟摆缘相同，且织带、绣片纹样与面料葫芦花蝶刺绣相呼应，寓意福禄寿考、吉祥连绵。值得注意的是，过度的缘饰和绣作在无衬里的春夏便服中是很少使用的，但从绸缎类便服标本研究发现并不少见，只是在类型选择上有所区别，这就是衬衣通常采用简饰，氅衣采用繁饰的现象。这也证明了它们虽然都属于便服，但在礼制的运用中氅衣地位更高，有时作为礼服使用。这就是该标本使用紫缎，缘饰华丽，错襟工艺精湛以推高氅衣尊贵的表现（图6-9）。

错襟细节

图6-9-1　紫色缎绣葫芦花蝶纹氅衣和错襟细节（正面）

（来源：王金华藏）

缎料结构

缘边如意头

挽袖细节

大吉回纹

禄纹

福纹

万字纹

寿纹

图6-9-2　紫色缎绣葫芦花蝶纹氅衣背面与细节

2. 紫色缎绣葫芦花蝶纹氅衣信息采集与错襟解析

紫色缎绣葫芦花蝶纹氅衣结构衣，长142.7cm，通袖长119.3cm，前领深9.5cm，后领深0.8cm，领宽11cm，袖口宽37.5cm。衣服底摆宽107.5cm，底摆翘量6.5cm。紫色缎绣葫芦花蝶纹氅衣挽袖舒展后，袖口距中线91.8cm，减去挽袖拼接部分，衣身的布幅约50cm。反面腋下大襟下摆贴边均为4cm，只用于固定毛边。领口绲边翻折到反面宽度1.5cm。氅衣前后中缝利用布边缝合，作缝宽1.5cm劈开扣倒。无需用贴边包缝是袍服通用的作法，也是充分利用布幅的证据（图6-10）。

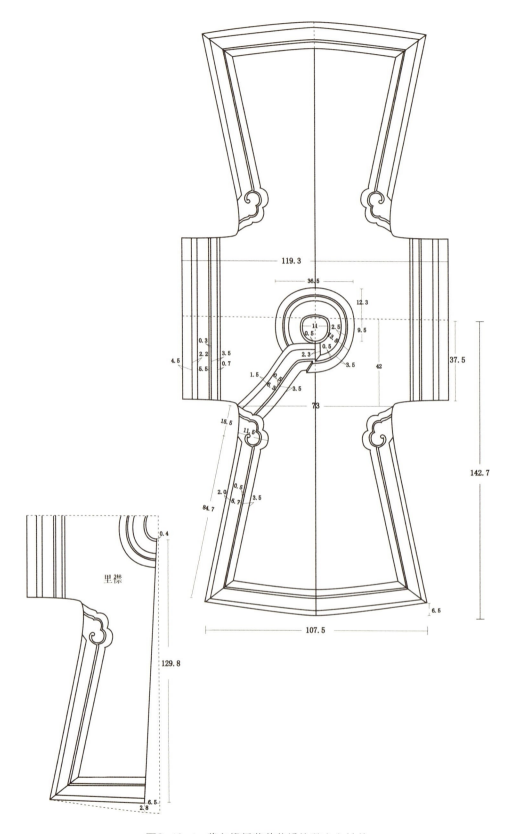

里襟

图6-10-1 紫色缎绣葫芦花蝶纹氅衣主结构

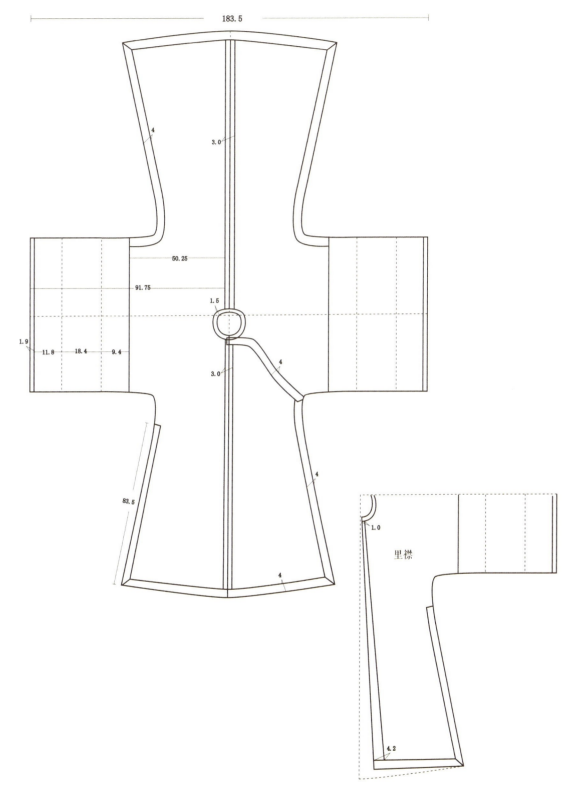

图6-10-2 紫色缎绣葫芦花蝶纹氅衣贴边和挽袖结构

紫色缎绣葫芦花蝶纹氅衣为典型的错襟形制与工艺（见图5-3）。在便服中错襟的"Z"字镶边采用万字曲水织金绦带在同治朝开始流行，到光绪朝发展到顶峰，且又拓展出寿字纹、铜钱纹、花卉纹等。因此，花式错襟成为光绪朝便服的一大特点。它虽然是强化氅衣高贵华丽的匠作程式，当衬衣也有相同要求的时候也会将花式错襟等一切手段用于其中，因此就出现了繁复花式错襟的缂丝衬衣（见图6-9、图5-1）。

　　绸缎类服装是便服中数量最多的，也是最传统表达绣作技艺的材料。在这类服装中，织造技艺最为成熟，刺绣纹样最为丰富。绸缎类便服标本也提供了错襟最丰富的实物信息，除了典型的错襟形制、结构和工艺，还有暴露式错襟（晚清早期特点）、素镶错襟、花镶错襟等，再次证明了错襟的实用功能所呈现的装饰效果。在传统的更适合表达女德绣作的绸缎类便服系统里出现错襟样貌，也证明错襟这种文化现象在晚清满族便服中的稳定性和主导性。它的意义在于，揭示了通过满族妇女的日常风尚所表达的民族交往、交流、交融的时代缩影。

第七章

漳绒便服的错襟
与吉服的顺襟

漳绒，明清两代最为兴盛，有花漳绒和素漳绒两种，花漳绒在清朝流行，在晚清盛行，这与晚清掌握了花漳绒的技术和崇尚娇饰的时代风尚有关。一般漳绒用蚕丝原料作经线，以棉纱作纬线，通过蚕丝起绒形成毯表质感。织造时，每织四根绒线便织入一根起绒杆(即细铁丝)，织到一定长度时，在织机上用割刀沿铁丝剖割，即成起绒。如此形成漳绒的厚重质地和绒暖手感，自然是秋冬季便服的理想材料，它的绒华风格也成为满族妇女非富即贵的冬装表现。因此，漳绒便服传世并不多见。收藏家王金华先生也只有一件，但补充了季节便服的丰富性，为更好地研究错襟工艺服用时节的普遍性提供了实证。

　　吉服为准礼服，面料的选择也会根据季节有所不同，但其纹章绣作是根据礼制执行，个性好物发挥余地有限，很少使用薄型的纳纱织物，其他和便服没有什么区别。厚重织物可以更好地实施复杂的绣作工艺，因此吉服无论在级别上还是技术上都成为顺襟必需的理由。而漳绒便服，虽然面料名贵，但因其"卑微"的出身而不可使用顺襟，然而充满智慧的满族妇女剑走偏锋，创造了明顺暗错两全其美的错襟形制。

一、紫色漳绒富贵牡丹纹衬衣形制与错襟

1. 紫色漳绒富贵牡丹纹衬衣形制特征

紫色漳绒富贵牡丹纹衬衣为夹袍，是满族贵妇秋冬便服。形制为立领右衽大襟，五粒鎏金铜扣，立领较高，在腰部有一粒元青色织金盘扣。面料为典型花漳绒，通身起绒攀枝牡丹寿桃纹，寓意富贵牡丹，纹样骨式为绘画构图，或有夜阑情境的诗意。领襟缘边由外而内分别为，元青地织金缎绲边，元青地织金缎镶边，元青素地缎镶边，元青地蓝色万字曲水折枝彩菊纹绣片，再镶元青素地缎镶边和梅花冰裂纹织金缎镶边，形成暗错明整的"Z"字错襟。外沿为两边织金万字曲水镶条夹白地折枝花织锦绦带。领缘镶边前中对角连折与领口镶边对角顺接，形成一种新式错襟。镶边叠加增多，数量远超之前所有便服，镶绲多达七道之多，最内延的绦带看似一条，实为三绦组合，雍容华贵，装饰繁复，是晚清十八镶绲的标志性作品。值得注意的是，紫色漳绒富贵牡丹纹衬衣不仅在缘边错襟的形制、结构和工艺达到娇饰的极致，其高立领、倒大袖和腰身微妙的曲线设计，预示着一个全新时代的到来。这件作品从形制到时间，完全可以确信是在民国初年现代旗袍诞生前，或为旗袍古典时期的典型代表[1]（图7-1）。

---

1 刘瑞璞等：《旗袍史稿》，科学出版社，2021，第66页。

图7-1-1　紫色漳绒富贵牡丹纹衬衣（正面）

（来源：王金华藏）

图7-1-2 紫色漳绒富贵牡丹纹衬衣（背面）

错襟细节

花漳绒细节

绣片细节

错襟镶边细节

复合绦带细节

图7-1-3　紫色漳绒富贵牡丹纹衬衣细节

2. 紫色漳绒富贵牡丹纹衬衣信息采集与错襟解析

紫色漳绒富贵牡丹纹衬衣结构，衣长133cm，通袖长153cm，前领深9cm，后领深1.5cm，领宽10.5cm，腰身曲线和倒大袖的数据变化非常微妙，可见这是个敏感数据。左袖口宽26cm、右袖口宽25.5cm，为合理误差。衣服底摆宽69cm，翘量3.7cm。如果加上复合式的镶边，由不同材料完成格式统一的领缘、襟缘、摆缘和袖缘的镶绲多达九道，从宽窄布局的数据看井然有序。紫色漳绒富贵牡丹纹衬衣的里料，衣身由两幅拼接而成，宽度约39.5cm，幅宽约为42cm。衬里左右接袖均为拼接而成，左接袖两片宽分别是7.5cm、25.5cm，右接袖拼三片宽分别为7.5cm、12.5cm和13cm。领口绲边翻折到背面宽度1.2cm。后背肩部衬里有一横长31.3cm，在其中间收2cm宽的褶，这样使面料和衬里更加平伏舒适。可见该标本做工考究，错襟的表现可谓登峰造极（图7-2）。

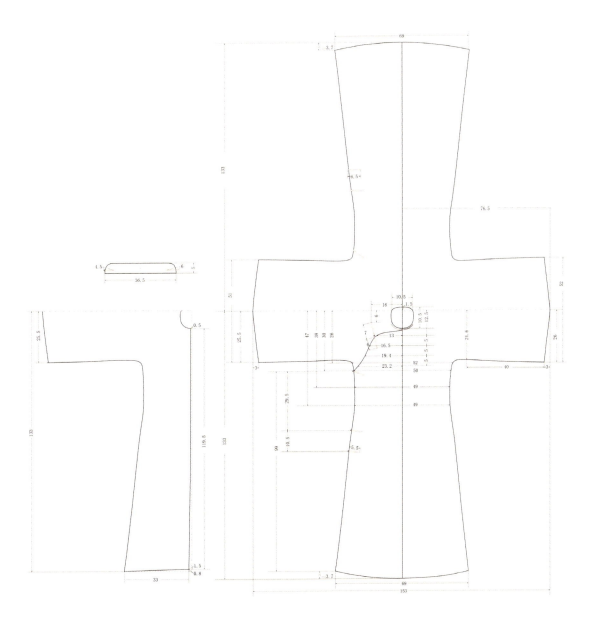

图7-2-1　紫色漳绒富贵牡丹纹衬衣主结构

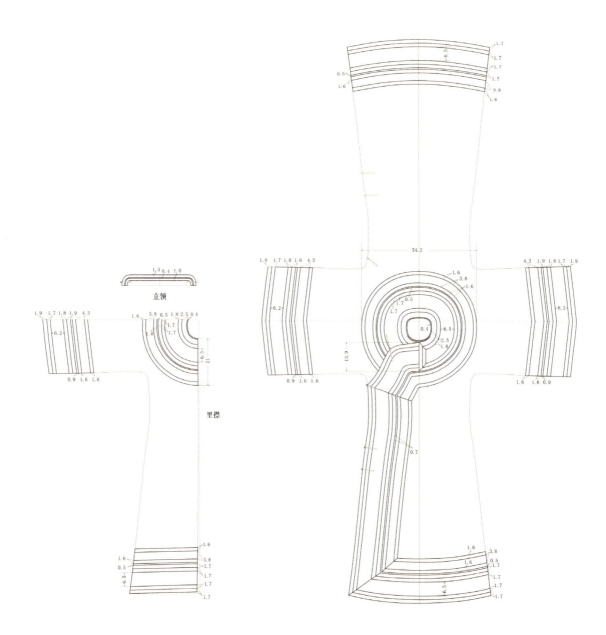

图7-2-2 紫色漳绒富贵牡丹纹衬衣缘饰镶边结构

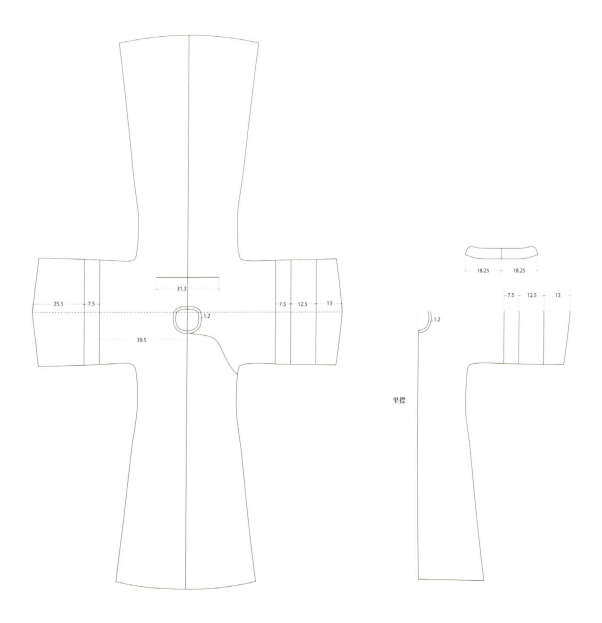

图7-2-3 紫色漳绒富贵牡丹纹衬衣衬里主结构

里襟

立领

里襟

图7-2-4　紫色漳绒富贵牡丹纹衬衣面料与缘边示意图

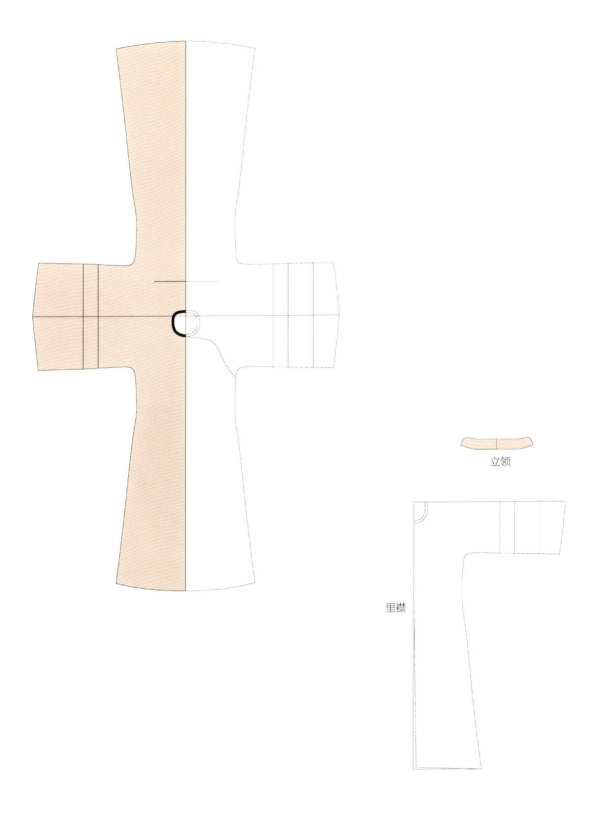

立领

里襟

图7-2-5　紫色漳绒富贵牡丹纹衬衣衬里示意图

紫色漳绒富贵牡丹纹衬衣暗错明顺的错襟被繁复的镶绲层层装饰，领缘造型构成一个完整的圆盘，其直径可达54.2cm，而女性的全肩宽不过38cm左右，缘边宽度远远超过肩宽延至胸身，由此强化了首冠通过肩胸繁复的缘饰设计烘托的效果。虽无法剖析标本领缘错襟的具体状态，但根据便服一脉相承的错襟构建理念，暗错也是为了解决宽大领缘360°的结构缺陷，这种结构只要存在错襟就不可避免，重要的是将错就错而成为时代风尚。紫色漳绒富贵牡丹纹衬衣的暗错明顺，便是回归顺襟提升礼制的高光时刻，与吉服袍有得一拼（图7-3）。

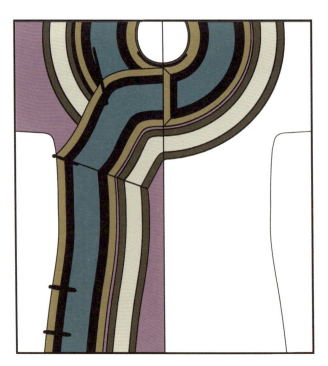

图7-3　紫色漳绒富贵牡丹纹衬衣暗错明顺错襟的娇饰风格

二、大红缎绣缠枝葫芦花蝶纹吉服袍形制与顺襟

吉服是清代仅低于朝服的次等礼服类型。吉服袍是指它的袍式形制，其作为礼服既是满俗传统，又是华统古制。重要的是，它在继承明朝盘领右衽大襟的基础上，形成圆领右衽大襟，并成礼服定制。值得注意的是，它是首先启用领襟奢华缘边的服饰之一，是错襟产生的根源。然而，由于吉服的礼服地位，表面用顺襟以示崇礼，又要克服奢华缘边的结构缺陷，通常要用大襟缘边补偿领襟切口失缝的办法，这就是顺襟形成的原因。在男尊女卑的大背景下，男人吉服必须使用顺襟，女人吉服就不那么讲究了，在吉服袍中就出现了明整暗错的形制，当然也被视为吉服袍的低等形制，在施用的场合中也有区别（见图2-10、图7-4）。在错襟研究的过程中，加入吉服袍顺襟的案例考证，再次证明了错襟构建从功用到礼制的成因。

1. 大红缎绣缠枝葫芦花蝶纹吉服袍形制特征

大红缎绣缠枝葫芦花蝶纹吉服袍无衬里，说明它是春夏季女吉服袍。形制为圆领右衽大襟，五粒鎏金铜扣，两侧开裾。面料为大红缎，绣双飞蝶梅花环绕缠枝葫芦团纹。领襟缘边由外而内分别为，元青地织金缎绲边，片金宝相花纹镶边，元青地缠枝葫芦纹绣片。袖宽博却保持马蹄袖祖制。初期用于护手的紧窄马蹄袖，在此时已不具备实用功能，而作为典章规制中无法删除的满族传统的坚守。随着汉女博袖的流行，马蹄袖也随形适之，吉服袍宽大的马蹄袖便成为晚清女吉服的标志之一。顺襟是典章记载的吉服形制，如何解决领缘结构的缺陷，玄机在于里襟绣片上出现的拼条，解决了宽大领缘绣片的失缝问题。根据规制，等级较高的吉服不允许错襟形制出现，这是等级森严的制度下所不能僭越的禁忌，但里襟绣片上的拼条，穿着时是被隐藏的，实则是另一种形式的错襟。它的难度在于，宽大的领缘绣片和襟缘绣片是分别绣制的，在360°领缘绣片的前中必须剪切，与大襟绣片对接，这样在此绣片对花完整几乎不可能，因此用错襟"Z"字镶边隔开，既弥补了失缝的问题，又解决了对花的难度。而吉服袍必作顺襟，上述工艺手段都失效了。所以通常的做法是在里襟绣片失缝位置拼条，大襟与领襟缘边拼接不设完整图案，也就不存在对花问题，但如果是皇帝的吉服袍，此处必有正龙纹，就要精绣精作了（见图2-7、图2-8）。该标本纹案系统的智慧设计，在于整体上严格遵照吉服袍对称的八团

立水江崖纹骨式，但如果仔细观察，每个单元纹样的布局几乎都不是对称的，如团纹、绣片纹，这也是顺襟中间不设中心纹的理由（图7-4）。

顺襟细节

团纹细节　　　　　　　　　马蹄袖细节　　　　　　　　　立水江崖纹细节

图7-4-1　大红缎绣缠枝葫芦花蝶纹吉服袍和细节

（来源：王金华藏）

图7-4-2　大红缎绣缠枝葫芦花蝶纹吉服袍背面

2.大红缎绣缠枝葫芦花蝶纹吉服袍信息采集与顺襟解析

对大红缎绣缠枝葫芦花蝶纹袍吉服的主结构和贴边进行数据信息采集和结构图复原，可以解开顺襟工艺和制度关系的奥秘。其主结构，衣长140.7cm，通袖长186.7cm，前领深8.5cm，后领深1cm，领宽10.2cm。马蹄袖口宽39.3cm。衣服底摆宽103.7cm，翘量7.5cm。大红缎绣缠枝葫芦花蝶纹吉服袍内侧贴边根据需要，领襟贴边大于开裾摆缘贴边，领缘贴边10cm，襟缘处贴边11.2cm，两侧贴边约5.5cm，贴边用来隐藏侧缝开裾的毛边。领口绲边翻折到背面宽度1.7cm。吉服袍中缝将两边折净拼缝，布边插于大身固定，作缝上端宽1cm，至底摆宽增至2cm。这是无衬里处理作缝讲究的工艺技巧，可以看出它与便服等级不同，在匠作上也有区别（图7-5）。

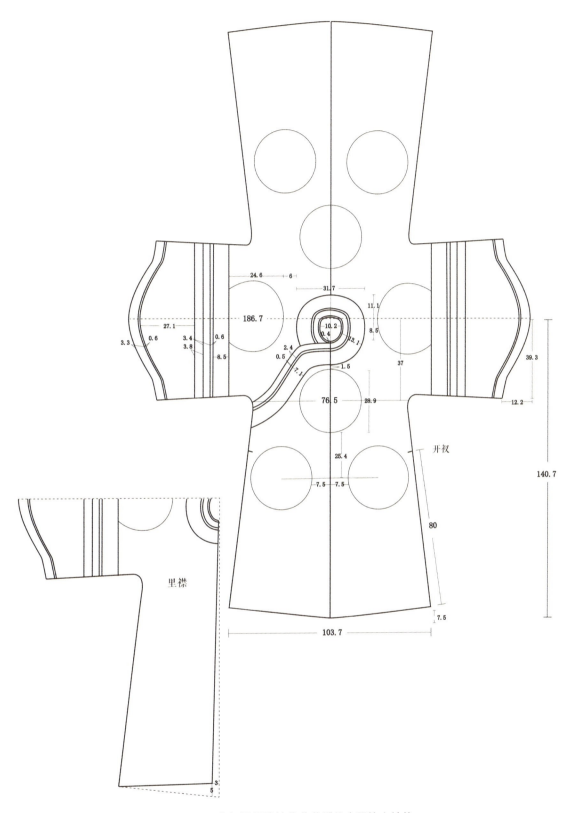

图7-5-1　大红缎绣缠枝葫芦花蝶纹吉服袍主结构

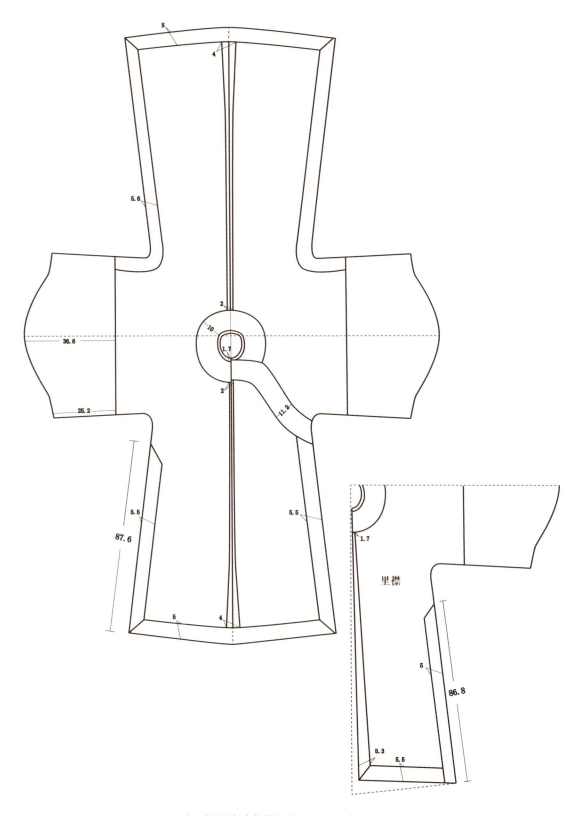

图7-5-2 大红缎绣缠枝葫芦花蝶纹吉服袍贴边和内衬马蹄袖结构

大红缎绣缠枝葫芦花蝶纹吉服袍的顺襟结构与工艺，其实是便服错襟形成前的状态。在道光朝前，满族贵妇的常服和便服没有严格的区分，或以常服通用，素面无缘是它的基本特征，因此在嘉庆朝及以前各朝很少有丰富缘饰的常服，故宫旧藏也证实了这一点。从道光朝开始便服分离出来，特点就是把吉服的顺襟回归到错襟，在同治朝成为便服的定式，因此顺襟的一些工艺也在错襟中保留下来。一般情况下，顺襟的领襟绣片通过强留作缝的方式与襟缘绣片缝合，这样作缝量有限，领襟绣片会上浆处理，使得剪开的毛边不易散开，便于缝合。而这件吉服袍在里襟处补充亏量的做法，使得360°的绣片不用再自身强留作缝，这个宽度0.7cm的拼条，是根据缝制后亏缺多少补正多少计算得到的。吉服领襟绣片的缝制过程，是将绣片纹案的前后中对准前中和后中缝，由于领缘绣片与大襟缘绣片缝合必消耗作缝，在里襟领缘绣片切口用拼条补充，其缝制工艺相较前期强留作缝顺襟会更加合理平整，显然是技术进步的表现（图7-6）。而在便服的工艺缝制过程中，无须在里襟亏量部分用拼条处理，通过大襟和领缘接口加装"Z"字形镶边成型，也就是领缘失缝的补正从内置变成外化，使错襟"Z"字形镶边成为便服的典型特征。

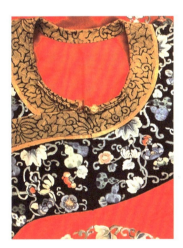

成型的顺襟　　　　　　　　　里襟绣片的拼条　　　　　　　　拼条的细节

图7-6　吉服袍顺襟里襟绣片失缝的拼条工艺细节

错襟的工艺，从表面观察看似繁复，实则易繁就简。从典型标本的结构与工艺研究发现，错襟正是基于解决领缘与襟缘绣片拼接失缝而将错就错，催生的一种独特工艺的时代风尚。这种充满将错就错智慧的格物致知精神，颠覆了晚清服装娇饰彰奢的一般认知。通过错襟结构的复原实验证明，利用一个整圆的领缘绣片必要的破缝，采用"Z"字形镶边，解决了失缝的工艺难题，同时亦产生视觉中心错落有致的无尽变化。这也正是让研究者误认为错襟不过是时代装饰风格的假象。这一发现，突破点在于收藏家王金华提供的晚清纳纱氅衣。纳纱的通透性使错襟的结构得以表露，加上专业化的工艺复原实验和之后众多标本的反复验证，这个结论将改变对晚清由满族主导的不惜工本繁缛堆砌艺术风尚惯常的认知，发现背后充满格物致知精神的中华传统。

第八章

余论，错襟的

机制与礼制

"服装十字型平面结构"的中华系统，大襟形制始终成为主导。晚清繁复缘饰的出现或是娇饰的表象，无疑也会以变化无尽镶绲无度的错襟成为佐证。然而错襟繁复的缘边包裹人体的围度大于360°，衣身可以从布片的切割左右平衡借量，实现"布"尽其用。而领缘绣片是完整的圆形裁片，从结构上说是无缝可用，无论是错襟还是顺襟都与保持完整的领缘绣片有关。360°的领缘绣片必要的破缝位在前中，绣片都要到此破开，当与大襟绣片缘边缝合时便必然出现失缝。顺襟是通过强留裁边产生作缝，与襟缘绣片拼合出完整纹案，同时在里襟用拼条补缺。因此，顺襟必须事先将刺绣的领襟绣片计算准确，为了更好地拼接不露痕迹，又不使刺绣断线，必须在前中留很窄的作缝，将领缘绣片和襟缘绣片在前中缝对仗工整。顺襟吉服标本结构研究显示，领缘绣片和大襟绣片在前中缝完全重叠，同时，领缘绣片后中的纹样也限制着后中对位。所以，顺襟工艺要求严苛，缘饰绣片的丝绸面料稍有不慎，缝边过窄，强度不高，极易散开，会影响服装的使用寿命，上浆就是必要的工艺。前中的刺绣纹样要对仗工整，才能对接无痕为后续工艺提供保证，彰显着刺绣和缝制工艺的最高标准。由此不难理解，领襟缘饰顺襟形制为什么只用在吉服以上的礼服，而不普遍用在便服上的原因。

从工艺成型上看，通过强借作缝的形式，完成顺襟的缝制，成形后看似简单实则在内部隐藏着复杂的技艺。清朝便服不入典，其形制也就无典可依，激发了工匠处理错襟的新灵感、新制式，归根结底依然是解决作缝亏缺的失缝问题。制衣匠人巧连、巧搭、巧拼、巧接，秉承随形就势、有的放矢的原则，错襟由此应运而生，造就了错襟形制这个历史特殊时期的视觉美学。

错襟易繁就简，通过其结构复原实验证明，利用领缘绣片必要的破缝，采用"Z"字镶边，既解决了作缝不足和工艺难题，又将人们从对仗工整的制度美学引导到曲径通幽的生活美学。它作为便服语言既合乎规制，又有个性发挥的余地。首先，放弃了前中纹样，不用对仗工整，"Z"字镶边弥补失缝的缺陷，无心插柳柳成荫，产生了视觉中心错落有致的变化，这便是让研究者产生装饰动机的假象。"Z"字镶边是错襟的重要标志，"Z"字镶边是匠人巧思智慧的高度体现，通过曲径通幽的镶绲延伸领缘绣片的围度，使其满足作缝的同时，形成错襟的独特样式。初期使用纯色"Z"字镶边，后期为满足镶绲的丰富变化，将错就错的"Z"字镶边同样绚烂夺目，同时不失初心具有搭接巧借的工艺智慧。这种功能性与装饰美学高度结合的体现，充满将错就错智慧的格物致知精神，颠覆了晚清服装娇饰彰奢的惯常认知。值得注意的是，通过系统的晚清便服实物的研究表明，表象即便是充满娇饰彰奢的形式，可是实质性的东西不无礼制，错襟便是标志性的。经过标本的信息整理发现，错襟形制普遍表现为便用礼不用、女用男不用，还表现出旗属特征的"满奢汉寡"，确是满人统治多民族统一国家呈现出民族融合的清代范示。

错襟形制成为晚清满族妇女便服标志性符号。这个结论的证据来源于实物标本的复原研究和统计学方法。错襟的动机与礼教、尊卑、满汉习俗，甚至时代无关，更不用说晚清娇饰彰奢的风格了。标本研究确凿的证据表明，这是为了增加衣服的寿命，襟缘、领缘的普遍运用是敬物尚俭的中华传统在这个时代的一种变异的表达方式。襟缘和领缘匠艺践行了格物致知中华传统造物观，正是礼制的核心基础。否则中国上古的青铜礼器就不可能都源于生活实用器，巨大的后母戊鼎不过是古人煮肉的锅。敬物尚俭的境界是俭以养德。同一种功能的顺襟总要比错襟高贵，顺接就需要对仗工整，还要配合精湛的工艺和匠作，因此就有了顺襟礼用便不用、男用女不用的礼制安排。在清朝时期，缘饰的流行（增加整衣的寿命）自然是满汉相互影响的结果。错襟源于汉俗的节俭，它的适用与其说是对顺襟对仗工整和匠作工艺的放弃，不如说是用拼布（边角余料）的方法，既延长了衣服的寿命，又达到了物尽其用的目的，因此汉式错襟只要达到目的就不过度修饰。满式错襟，作为统治的少数民族必将他山攻错发扬光大，这就是"满奢汉寡"的客观现实。那么错襟在满族统治的便服系统中渗透礼制，正是多民族统一国家满族统治者继承中华传统所决定的。错襟看似繁复，事实易繁就简，更适合便服的个性表达，这在标本结构复原中得到证实。大量的图像文献表明，错襟形制只用于非礼服，因此，错襟又带着等级和尊卑教化的密符，即便用礼不用、女用男不用。

通过对便服错襟形制的分析与探索，发现晚清服饰中看似起到装饰作用的错襟，实则是功用性制衣成型的合理体现。错襟构成了晚清便服的标志性语言

和独特的服装工艺，催生了绚烂多彩的便服文化，成就了满人对于便服审美性
和丰富性的需求，影响并加快了满汉服饰文化认同的交流与融合。错襟是满人
文心匠艺的高度体现，是中华民族多元一体服饰文化的华彩乐章。

参考文献

古籍文献

[1]   [清] 允禄等监修. 皇朝礼器图式[M]. 1766.

[2]   [清] 屈万里. 尚书释议[M]. 台北:中国文化大学出版部,1980.

[3]   [清] 胡敬. 国朝院画录[M]. 上海:上海人民美术出版社,1982.

[4]   [清] 李光庭. 乡言解颐[M]. 北京:中华书局,1982.

[5]   [清] 徐珂. 清稗类抄(第十三册) [M]. 北京:中华书局,1986.

[6]   [清] 庆桂,董诰,等. 高宗纯皇帝实录[M]. 北京:中华书局,1986.

[7]   [清] 允禄等监修. 大清会典[M]. 上海:上海古籍出版社,1987.

[8]   [清]官修. 清会典[M]. 北京:中华书局,1991.

[9]   [清]官修. 大清会典事例[M]. 北京:中华书局,1991.

[10] [明] 黄宗羲. 深衣考[M]. 北京:中华书局,1991.

[11] [清] 赵尔巽,等. 清史稿[M]. 北京:中华书局,1998.

[12] [清] 任大椿. 深衣释例[M]. 北京:中华书局,2001.

[13] [清] 李斗. 扬州画舫录(卷九) [M]. 济南:山东友谊出版社,2001.

[14] 崔高维校点. 礼记·深衣[M]. 沈阳:辽宁教育出版社,2003.

[15] [清] 张岱年. 大清五朝会典(第十册)[M]. 北京:线装书局,2006.

[16] [宋] 范晔. 后汉书[M]. 北京:中华书局,2007.

[17] 叶梦珠. 清代史料笔记丛刊:阅世编[M]. 北京:中华书局,2007.

[18] 中国历史第一档案馆,香港中文大学文物馆. 清宫内务府造办处档案总汇[M]. 北京:人民出版社,2005.

[19] 中国国家图书馆. 清宫升平署档案集成[M]. 北京:中华书局,2011.

[20] [清] 佚名. 满洲实录[M]. 沈阳:辽宁教育出版社,2012.

中文著作

[21] 周锡保. 中国古代服饰史[M]. 北京:中国戏剧出版社,1984.

[22] 王者悦. 中国古代军事大辞典[M]. 北京:国防大学出版社,1991.

[23] 王宏刚,富育光. 满族风俗志[M]. 北京:中央民族学院出版社,1991.

[24] 金维诺. 永乐宫壁画全集[M]. 天津:天津人民美术出版社,1997.

[25] 陈祖武,汪学群. 清代文化志[M]. 上海:上海人民出版社,1998.

[26] 黄能馥,陈娟娟. 中华历代服饰艺术[M]. 北京:中国旅游出版社,1999.

[27] 冯林英. 清代宫廷服饰[M]. 北京:朝华出版社,2000.

[28] 缪良云. 中国衣经[M]. 上海:上海文化出版社,2000.

[29] 双林. 清代服饰[M]. 天津:天津人民美术出版社,2000.

[30] 黄能馥,陈娟娟. 中国服装史[M]. 北京:中国旅游出版社,2001.

[31] 仲富兰. 图说中国百年社会生活变迁(1840-1949):服饰·饮食·民居[M]. 上海:学林出版社,2001.

[32] 喻大华. 晚清文化保守思潮研究[M]. 北京:人民出版社,2001.

[33] 周汛,高春明. 中国古代服饰风俗[M]. 西安:陕西人民出版社,2002.

[34] 张士尊. 清代东北移民与社会变迁[M]. 长春:吉林人民出版社,2003.

[35] 徐海燕. 满族服饰[M]. 沈阳:沈阳出版社,2004.

[36] 常沙娜. 中国织绣服饰全集[M]. 天津:天津人民美术出版社,2004.

[37] 宋凤英. 清代宫廷服饰[M]. 北京:紫禁城出版社,2004.

[38] 包铭新. 近代中国女装实录[M]. 上海:东华大学出版社,2004.

[39] 周远廉. 清太祖传[M]. 北京:人民出版社,2004.

[40] 梁启超. 清代学术概论[M]. 上海:上海古籍出版社,2005.

[41] 梁思成. 中国建筑史[M]. 天津:百花文艺出版社,2005.

[42] 李治亭. 清康乾盛世[M]. 南京:江苏教育出版社,2005.

[43] 李当岐. 西洋服装史[M]. 2版. 北京:高等教育出版社,2005.

[44] 陈娟娟. 中国织绣服饰论集[M]. 北京:紫禁城出版社,2005.

[45] 张琼. 清代宫廷服饰[M]. 上海:上海科学技术出版社,2006.

[46] 翟文明. 话说中国(第12卷):服饰[M]. 北京:中国和平出版社,2006.

[47] 钟茂兰,范朴. 中国少数民族服饰[M]. 北京:中国纺织出版社,2006.

[48] 白云. 中国老旗袍:老照片老广告见证旗袍的演变[M]. 北京:光明日报出版社,2006.

[49] 华梅. 服饰文化全览[M]. 天津:天津古籍出版社,2007.

[50] 严勇,房宏俊. 天朝衣冠:故宫博物院藏清代宫廷服饰精品展[M]. 北京:紫禁城出版社,2008.

[51] 李寅. 清代后宫[M]. 沈阳:辽宁民族出版社,2008.

[52] 竺小恩. 中国服饰变革史论[M]. 北京:中国戏剧出版社,2008.

[53] 刘瑞璞. 服装纸样设计原理与应用:女装篇[M]. 北京:中国纺织出版社,2008.

[54] 孙彦贞. 清代女性服饰文化研究[M]. 上海:上海古籍出版社,2008.

[55] 龚书铎,刘德麟. 图说天下·清[M]. 长春:吉林出版集团,2009.

[56] 刘瑞璞,邵新艳. 古典华服结构研究[M]. 北京:光明日报出版社,2009.

[57] 张竞琼. 从一元到二元:近代中国服装的传承经脉[M]. 北京:中国纺织出版社,2009.

[58] 李家瑞. 北平风俗类征(上册)[M]. 北京:北京出版社,2010.

[59] 曾慧. 满族服饰文化研究[M]. 沈阳:辽宁民族出版社,2010.

[60] 吴相湘. 晚清宫廷实纪[M]. 北京:中国大百科全书出版社,2010.

[61] 夏艳,李瑞芳,罗艳,等. 大清皇室的走秀台:服饰卷[M]. 北京:中国青年出版社,2011.

[62] 沈从文. 中国古代服饰研究[M]. 上海:上海书店出版社,2011.

[63] 瞿同祖. 清代地方政府[M]. 北京:法律出版社,2011.

[64] 杨孝鸿. 中国时尚文化史:清民国新中国卷[M]. 济南:山东画报出版社,2011.

[65] 金性尧. 清代宫廷政变录[M]. 上海:上海远东出版社,2012.

[66] 王鸣. 中国服装史[M]. 上海:上海交通大学出版社,2013.

[67] 满懿. 旗装奕服:满族服饰艺术[M]. 北京:人民美术出版社,2013.

[68] 包铭新. 中国北方古代少数民族服饰研究[M]. 上海:东华大学出版社,2013.

[69] 刘瑞璞,陈静洁. 中华民族服饰结构图考:汉族编[M]. 北京:中国纺织出版社,2013.

[70] 王佩環. 清代后妃宫廷生活[M]. 北京:故宫出版社,2014.

[71] 卞向阳. 中国近现代海派服装史[M]. 上海:东华大学出版社,2014.

[72] 刘瑞璞. TPO男装设计与制版[M]. 北京:化学工业出版社,2015.

[73] 张晨阳,张珂. 中国古代服饰辞典[M]. 北京:中华书局,2015.

[74] 王金华. 中国传统服饰:清代服装[M]. 北京:中国纺织出版社,2015.

[75] 陆勇. 清代"中国"观念研究[M]. 西安:陕西人民教育出版社,2015.

[76] 王渊. 中国明清补服的形与制[M]. 北京:中国纺织出版社,2016.

[77] 崔荣荣,牛犁. 明代以来汉族民间服饰变革与社会变迁[M]. 武汉:武汉理工大学出版社,2016.

[78] 王翔. 晚清丝绸业史[M]. 上海:上海人民出版社,2017.

[79] 刘瑞璞,陈果,王丽琄. 藏袍结构的人文精神[M]. 北京:中国纺织出版社,2017.

[80] 刘瑞璞,魏佳儒. 清古典袍服结构与纹章规制研究[M]. 北京:中国纺织出版社,2017.

[81] 曾慧. 东北服饰文化[M]. 北京:社会科学文献出版社,2018.

[82] 姜小莉. 满族萨满教与清代国家祭祀[M]. 北京:中国社会科学出版社,2021.

[83] 刘瑞璞,朱博伟. 旗袍史稿[M]. 北京:科学出版社,2021.

[84] 赵丰,苏淼. 中国历代丝绸艺术:清代[M]. 杭州:浙江大学出版社,2021.

[85] 毛立平,沈欣. 壶政:清代宫廷女性研究[M]. 北京:中国人民大学出版社,2022.

译著

[86] [法] 奥古斯特·弗朗索瓦. 晚清纪事———个法国外交官的手记(1886-1904)[M]. 罗顺江,胡宗荣,译. 昆明:云南美术出版社,2001.

[87] [法] 博得莱. 清宫洋画家[M]. 耿昇,译. 山东:山东画报出版社,2002.

[88] [法] 皮埃尔·绿蒂. 在北京最后的日子[M]. 马利红,译. 上海:上海书店出版社, 2006.

[89] [美] 凯瑟琳·卡尔. 美国女画师的清宫回忆:晚清宫廷见闻录[M]. 王和平,译. 北京: 紫禁城出版社,2009.

[90] [美] 德龄,容龄. 在太后身边的日子:晚清宫廷见闻录[M]. 北京:紫禁城出版社, 2009.

[91] [英] 李提摩太. 亲历晚清四十五年——李提摩太在华回忆录[M]. 李宪堂,侯林莉, 译. 北京:人民出版社,2011.

[92] [美] 欧立德. 乾隆帝[M]. 青石,译. 北京:社会科学文献出版社,2014.

[93] [日] 松浦章. 清代海外贸易史研究:上[M]. 李小林,译. 天津:天津人民出版社, 2016.

[94] [日] 松浦章. 清代海外贸易史研究:下[M]. 李小林,译. 天津:天津人民出版社, 2016.

外文文献

[95] Verity Wilson. Chinese dress[M]. London: The Victoria and Albert Museum,1986.

[96] James Cahill. Pictures for use and pleasure: vernacular painting in high Qing China[M]. Berkeley: University of California Press, 2010.

[97] [日] 中野美代子. 乾隆帝その政治の図像学[M]. 東京:文藝春秋 ,2007.

图录和图册

[98] 陈癸淼. 清代服饰[M]. 台北:历史博物馆,1988.

[99] 刘北汜,徐启宪. 故宫珍藏人物照片荟萃[M]. 北京:紫禁城出版社,1995.

[100] 梁京武,赵向标. 老服饰摄影集[M]. 北京:龙门书局,1999.

[101] 佚名. 北京民间风俗百图(珍藏版) [M]. 北京:北京图书馆出版社,2003.

[102] 中国国家博物馆. 中国国家博物馆馆藏文物研究丛书:历史图片卷[M]. 上海:上海古籍出版社,2007.

[103] 中华世纪坛世界艺术馆. 晚清碎影:汤姆·约翰逊眼中的中国(1868-1872)[M]. 北京:中国摄影出版社,2009.

[104] 宗凤英. Heavenly Splendour:The Edrina Collection of Ming and Qing Imperial Costumes[M]. 香港:香港中文大学文物馆,2009.

[105] 故宫博物院. 故宫经典:清宫服饰图典[M]. 北京:紫禁城出版社,2010.

[106] 徐广源. 大清后妃私家相册[M]. 北京:中华书局,2012.

[107] 李雨来,李玉芳. 明清织物[M]. 上海:东华大学出版社,2013.

[108] 王金华,周佳. 图说清代女子服饰[M]. 合肥:黄山书社,2013.

[109] 陈美怡. 时裳:图说中国百年服饰历史[M]. 北京:中国青年出版社,2013.

[110] 故宫博物院. 故宫经典:清宫后妃氅衣图典[M]. 北京:故宫出版社,2014.

[111] 陈正雄. 清代宫廷服饰[M]. 上海:上海文艺出版社,2014.

[112] 故宫博物院. 故宫博物院藏品大系·善本特藏编15:清宫服饰图档[M]. 北京:故宫出版社,2014.

[113] 王金华. 中国传统服饰:清代女子服装·首饰[M].北京:中国纺织出版社,2018.

[114] 高春明. 中国历代服饰文物图典[M]. 上海:上海辞书出版社,2019.

学术期刊

[115] 陆玉华. 八旗驻防促进了汉满文化交流[J]. 辽宁大学学报,1992(3):61-64.

[116] 郭成康. 也谈满族汉化[J]. 清史研究,2000(2):24-35.

[117] 王鸣. 从满族风俗看清代民间服饰[J]. 装饰, 2004(5):65.

[118] 聂崇正. 谈清宫皇帝后妃油画半身像[J]. 故宫博物院院刊, 2008(1):50-59.

[119] 吴敬,王彬. 论清代满族旗袍及文化的演变[J]. 艺术教育,2010(6):140-141.

[120] 刘若琳. 尚武遗风的清代服饰汉化流变[J]. 艺苑,2011(1):82-87.

[121] 殷安妮. 清代宫廷便服综述[J]. 艺术设计研究,2012(2):29-36.

[122] 汪芳. 衣袖之魅——中国清代挽袖艺术[J]. 美术观察,2012(11):102-106.

[123] 李金侠. 浅谈清代满汉女子服饰特征[J]. 山东纺织经济,2013(10):47-49.

[124] 吕尧. 浅谈清代满汉服饰文化的交融[J]. 天津纺织科技,2013(3):35-36.

[125] 李楠. 从传统宽衣到现代窄衣——民国时期中国女装的改革步伐[J]. 服饰导刊,2014(1):77-80.

[126] 张万君. 浅谈中国旗袍的样式[J]. 文艺生活·文海艺苑,2015(4):137.

[127] 崔荣荣,牛犁.清代汉族服饰变革与社会变迁(1616-1840年) [J].艺术设计研究, 2015(1):49-53.

[128] 但沐霖,史亚娟.论服饰文化中的权力建构与"中国概念" [J].设计,2015(3):46-48.

[129] 宋雪,崔荣荣.民国时期女性倒大袖上衣衣袖造型艺术研究[J].纺织导报,2016 (10): 129-131.

[130] 夏添,彭迪,李靖.汉族衣冠六百年思辨——评《明代以来汉族民间服饰变革与社会变迁(1368-1949年)》[J].浙江纺织服装职业技术学院学报,2017(4):59-62.

[131] 杨素瑞.清代氅衣造型工艺特征分析[J].丝绸,2017(3):44-50.

[132] 史子言.透过《红楼梦》解读清代服饰文化[J].文艺生活·中旬刊,2017(2):12.

[133] 王淑华,柏贵喜.清代服饰三蓝绣基因图谱研究[J].丝绸,2019(1):86-93.

[134] 王淑华.清代服饰三蓝绣文化基因传播与传承路径探究[J].东华大学学报(社会科学版),2019(2):145-151.

[135] 沈玉,吴欣,付燕妮.清代龙纹袍的袖部形制特点及内涵[J].服装学报,2020(2): 134-138.

[136] 刘畅,刘瑞璞.明代官服从"胸背"到"补子"的蒙俗汉制[J].艺术设计研究, 2020(4):59-62.

学位论文

[137] 许仲林.清末民初女装装饰工艺研究[D].芜湖:安徽工程大学,2011.

[138] 王统斌.历代汉族左衽服装流变探究及其启示[D].无锡:江南大学,2011.

[139] 孙云.清代女装缘饰装饰艺术研究[D].太原:太原理工大学,2015.

[140] 金云舟.清代皇家女性画像研究[D].上海:华东师范大学,2018.

附　录

附录1　术语索引

附录2 图录和表录

附录3 满族错襟氅衣衬衣复刻

紫色纳纱牡丹暗团纹氅衣标本

紫色纳纱牡丹暗团纹氅衣复刻

复刻紫色纳纱牡丹暗团纹氅衣作者呈现

粉色纳纱蝶恋花暗团纹衬衣标本　　　　　　粉色纳纱蝶恋花暗团纹衬衣复刻

复刻粉色纳纱蝶恋花暗团纹衬衣作者呈现

红色绸绣蝶恋花纹氅衣标本　　　　　　　　红色绸绣蝶恋花纹氅衣复刻

复刻红色绸绣蝶恋花纹氅衣作者呈现

后 记

错襟是晚清满族妇女服饰标志性的符号之一，但没有证据证明是满人创造。因为这种特别的服饰现象在这一历史时期，无论是满族、汉族，还是其他少数民族都很普遍。因此，有学者认为错襟就像旗袍一样是中国近代女子服饰的时尚表征。然而，实物结构的技术性研究却颠覆了这种观点。

这要特别感谢收藏家王金华先生。他的晚清满蒙汉妇女高等级的服饰藏品提供了进行比较研究的实物线索，追考发表的同时代实物图像和相关文献进行统计，结合实物结构的技术性研究和工艺复原，得出了错襟满奢汉寡、女用男不用、便用礼不用的结论。这种现象大都表现在满族妇女常服的氅衣和衬衣上。错襟的形成有两个条件，一是一定在大襟结构中出现，二是大面积使用绣作缘边。这两个条件必然促使缘边在前中位置破缝，且出现失缝问题。它本来是结构障碍形成的瑕疵，技术上就利用它施以错襟，让工艺更宜操作，外观上又赋予了缘边绣作的变化。因此，十八镶绲在此有最佳表现并非偶然，这实在是满人将错就错的智慧。满奢汉寡应该说是满人把错襟的技艺发扬光大了；女用男不用源于女变男不变的普世法则；便用礼不用是将错襟宣示便服地位而起到服制的指引作用。

晚清氅衣和衬衣是满族妇女代表性的常服，错襟是它们标志性的特征。具有工艺技术优势的唐仁惠同学以此作为研究生课题，从2017年11月到2018年10月，近一年的标本结构技术研究取得了重要的学术发现，在清代服饰以物证史和有史无据的学术探索上，满族服饰的错襟研究具有指标意义。这些成绩的取得还要特别感谢在标本信息采集中团队成员朱博伟、郑宇婷、乔滢锦、黄乔宇、倪梦娇、何远俊的协作、帮助和支持，在标本复刻和工艺实验中"间时"创意总监于志强老师的指导，高茜、靖丽娜、李华雪、雷明昊同学的帮助，谨此一并表示感谢。

作者于2023年5月